參照群體
對品牌資產的影響機制研究

陳春梅、孟致毅、陳 娟○著

前　言

　　20世紀50年代，美國著名的廣告大師大衛·奧格威首次提出「品牌」的概念。他指出品牌是一個錯綜複雜的概念，是企業的一種無形資產。品牌不只是簡單的名稱、術語、象徵、記號或設計，還具有巨大的價值。這首先體現在企業在產品質量、性能等方面的承諾，會影響到顧客對產品或服務的選擇。其次，一旦顧客對於品牌產生信任感，就可能會選擇與品牌相關的其他產品，即使是在價格方面高於競爭對手的情況下。再有，20世紀80年代全球範圍內出現商業併購浪潮，併購的價錢可以達到被併購企業帳面資產的幾倍甚至幾十倍也體現了品牌的價值。由此可見，品牌蘊藏著巨大的價值，也就是所謂的品牌資產。

　　品牌資產是20世紀80年代出現的一個重要概念。特別是美國營銷科學研究院（MSI）將其作為20世紀90年代最重要的研究課題後，品牌資產成為營銷研究的熱點問題。Aaker（1991）提出品牌資產是企業最有價值的資產之一，無論對於顧客，還是對於企業，品牌資產都具有重大意義。對於購買產品的顧客，品牌資產可以幫助其知曉、理解、處理和存儲大量的產品信息，加強顧客再次購買產品的信心以及提高顧客的滿意度。對於銷售產品的企業，品牌資產可以為其提高營銷計劃的效果、影響顧客的忠誠度、獲得較高的邊際效益、拓展自身的發展領域、影響分銷渠道以提高企業的競爭優勢。

　　但是，相對於20世紀，如今建立成功的品牌則更為困難。Keller引用一名營銷人員的話來闡述建立品牌面臨的挑戰：「首先，在20世紀中期，即使是大範圍做廣告，費用也非常低廉，但是進入21世紀，廣告費非常昂貴；其次，在20世紀中期，顧客對於廣告的接受度非常高，但是現在廣告對於顧客來說再平常不過了，顧客不再像過去那樣相信電視上的信息；再有，當你把廣告音量調得稍微大點，人們就會覺得很討厭，要說服顧客購買某種產品越來越難了。」所以，品牌資產對於企業來說尤為重要。但是

如今建立強大的品牌不再像從前那樣簡單低廉，面臨著更多挑戰，顯得更為困難，故本書希望聯繫企業面臨的新情景對品牌資產進行深入研究，為企業構建強大品牌提供思路。

消費者行為，是消費者為獲取、使用、處置消費物品或服務所採取的各種行動，包括先於且決定這些行動的決策過程。消費者行為會受到諸多因素的影響，包括消費者外部因素的影響和消費者內部因素的影響。消費者外部影響因素包括企業的營銷努力、社會文化、社會階層及參照群體等，消費者內部的影響因素包括個人的動機、感知、學習和態度等。其中，參照群體對消費者行為影響的研究正受到越來越多人的關注。其產生的影響體現在：第一，參照群體會給消費者提供相應的信息，提高消費知識和決策能力，進而降低感知風險；第二，消費者具有社會性的一面，當其在特定環境下進行購買決策時，並不是基於自己的偏好，會受到包括參照群體的顯著影響；第三，消費者通過使用某種產品或品牌可以傳達自己是什麼樣的人或不是什麼樣的人。再有，隨著網路的快速發展，參照群體的構成也日益豐富，從最初的家人、朋友、鄰居、同學、同事、宗教團體等（Moutinho, 1987），發展到今天，人們越來越多地利用網路進行交流互動，發布與獲取品牌信息、查看消費者及相關專家評論、跟蹤網上的流行趨勢等。消費者已經在網上建立了屬於自己的生活圈子，比如：QQ 群、微信群、搜索引擎、天涯社區、QQ 空間、人人網等。所以，企業面臨的新情景為從參照群體角度研究企業品牌管理提供更多的空間和機會。

綜上，品牌資產對企業意義重大，傳統單一的廣告傳播方式不再高效，參照群體又會影響消費者的品牌態度和品牌行為，且參照群體的構成日益豐富，因此，從參照群體的角度來探究其對品牌資產的影響是非常必要和可行的。所以，本書基於 S-O-R（刺激-機體-反應）理論，構建本書研究的理論模型和研究假設，採用理論分析與實證分析相結合的研究方法來研究參照群體對品牌資產的影響機制。首先，本書採用文獻研究法對參照群體理論、品牌資產理論、感知風險理論等相關文獻進行梳理、歸納和分析，提出參照群體通過感知風險對品牌資產產生影響的理論模型以及研究假設。其次，對本書的相關變量進行概念界定、提煉各個變量的測量題項，並結合專家訪談和小規模訪談的結果來設計和修改調查問卷。再次，在問卷的預測試中，本書運用 SPSS17.0 軟件對各個變量的量表進行數據的項目分析、信度檢驗和效度檢驗，從而提高量表的可靠性和準確性。在大樣本調查中，運用 SPSS17.0 軟件和 AMOS17.0 軟件對各變量進行信度檢驗和效度檢驗，從而保證量表具有較好的信度和效度。最後，運

用 SPSS17.0 軟件和 AMOS17.0 軟件驗證參照群體對品牌資產的直接作用，參照群體對感知風險的作用，感知風險的仲介作用以及消費者遵從動機特徵和產品信息屬性的調節作用。本書經過理論分析並結合問卷調查的結果對研究提出的理論模型和假設進行驗證，得出如下結論：

第一，參照群體對品牌資產影響顯著。參照群體作用方式的信息性作用和價值表達性作用對品牌資產正向影響顯著，而功利性作用並不總是對品牌資產影響顯著，這使得企業在使用功利性作用進行品牌營銷活動時要慎重。

第二，參照群體對感知風險影響顯著。參照群體作用方式的信息性作用、功利性作用和價值表達性作用對感知風險影響顯著，其中，信息性作用和價值表達性作用負向影響感知風險，功利性作用正向影響感知風險，這為企業進行營銷活動提供了依據。

第三，消費者遵從動機特徵在參照群體影響品牌資產的過程中具有調節作用。不同的消費者購買產品時，參照群體作用對其購買品牌的態度和行為的影響是有差異的。對遵從動機高的顧客，信息性作用、功利性作用和價值表達性作用對品牌資產影響顯著；對遵從動機低的顧客，功利性作用對品牌資產的影響不顯著，信息性作用和價值表達性作用對品牌資產影響顯著，但兩組的標準化系數存在一定的差異。所以本書認為消費者遵從動機特徵在信息性作用、功利性作用和價值表達性作用影響品牌資產的過程中具有調節作用。

第四，產品信息屬性在參照群體影響品牌資產的過程中具有調節作用。消費者在購買不同的產品時，參照群體作用對其購買品牌的態度和行為的影響是有差異的。在手機組中，信息性作用和價值表達性作用對品牌資產的影響顯著，功利性作用對品牌資產的影響不顯著；在旅遊組中，信息性作用和價值表達性作用對品牌資產的影響顯著，功利性作用對品牌資產的影響不顯著，且兩組的標準化系數存在一定的差異。所以本書認為，產品信息屬性在信息性作用和價值表達性作用對品牌資產的影響過程中具有調節作用。

第五，感知風險在參照群體作用、信息性作用和價值表達性作用對品牌資產的影響的過程中具有仲介作用。本書通過梳理參照群體與品牌資產的關係、參照群體與感知風險的關係、感知風險與消費者品牌行為的關係三個方面的研究，歸納了參照群體的內涵、類型和作用方式以及參照群體的效應、品牌資產的概念、測量模型和影響因素，感知風險的概念、構成維度和影響因素，最後基於 S-O-R（刺激-機體-反應）理論提出並驗證

了參照群體對品牌資產的影響機制是通過降低顧客的感知風險來提高企業的品牌資產。

品牌傳播是品牌所有者通過各種傳播手段持續地與目標受眾交流，最優化地增加品牌資產的過程。品牌傳播策略涉及品牌傳播的主體、品牌傳播的內容、品牌傳播的目標受眾和品牌傳播手段等方面。

本書的現實意義是企業可在品牌傳播策略方面，從參照群體的角度考量品牌傳播的主體、品牌傳播的內容、品牌傳播的目標受眾和品牌傳播手段等方面。

第一，品牌傳播的主體。品牌傳播的主體是品牌傳播的管理者。在新媒體時代，品牌傳播的主體可以是企業的老板、員工或代言人、媒介機構、輿論領袖，甚至是普通的消費者。當消費者面臨購買決策時，會尋找可靠、權威的信息。所以，基於參照群體的角度，企業在進行品牌傳播時，選擇的品牌傳播主體有普通人、名人、專家等。

第二，品牌傳播的內容。品牌傳播的內容就是品牌信息，從參照群體的角度來看，品牌傳播的內容除了包括品牌的名稱、符號、標語和包裝以外，還可以從信息性作用、功利性作用、價值表達性作用和感知風險來考慮。

第三，品牌傳播的受眾。品牌傳播的受眾是品牌信息的接收者，是各類媒體內容或表演的讀者、聽眾或觀眾，但是在實際運用中又呈現出多元化和複雜化的現實。對於品牌傳播而言，其行為的客體應該是包含消費者在內的受眾，而不僅僅是單純的消費者。品牌傳播的受眾包括作為大眾的受眾，作為目標群體的受眾和作為消費者的受眾。

第四，品牌傳播的手段。品牌傳播的手段是傳遞品牌信息的仲介物質或者手段。從參照群體的角度，品牌傳播的手段已經不僅僅是傳統意義上的廣告、銷售促進、公共關係和人員推銷，還應該包括更多的傳播手段，如網路媒體和手機媒體的 QQ 群、搜索引擎、天涯社區、QQ 空間、人人網、手機短信、手機報和微信等。大量現實證明，這些新興的傳播手段對消費者的影響不容忽視。所以，在人人即媒體的大眾傳播時代，企業要抓住可能對消費者產生影響的關鍵接觸點，瞭解參照群體對消費者影響的特點，爭取對消費者的品牌決策產生積極影響。

本書的創新如下：

第一，關於參照群體與品牌資產的研究，大多數是參照群體對品牌資產某一維度的直接影響，本書基於 Mehrabian 和 Russell 提出 S-O-R（刺激-機體-反應）理論，構建了參照群體對品牌資產的影響機制模型，研究揭

示並驗證了參照群體作用、感知風險和品牌資產三者之間的關係。感知風險在參照群體作用和品牌資產之間發揮著仲介作用，以感知風險為仲介作用體現了企業品牌資產的來源不僅僅是消費者感知價值的提高，也包括消費者感知風險的降低，同時也證明了參照群體作用與品牌資產的內在關係。

第二，不同的消費者在購買不同的產品時，參照群體對品牌資產的影響是有所差異的。本書論證了消費者遵從動機特徵和產品信息屬性在參照群體影響品牌資產的過程中存在調節作用。這為企業營銷者面對不同消費者、針對不同產品制定品牌營銷策略提供了思路和依據。

第三，已有關於品牌資產的影響因素的研究中，大多是從企業的營銷策略出發，本書從企業外部的參照群體視角提出並驗證其對品牌資產影響機制，並在此基礎上提出了參照群體視角下的品牌傳播策略，其中包括品牌傳播的主體策略、品牌傳播的內容策略、品牌傳播的對象策略以及品牌傳播的手段策略。這為企業的品牌傳播，包括時下流行的網路媒體和手機媒體的品牌傳播，提出了切實可行的建議，希望能夠提高企業品牌傳播的效果，為企業在市場競爭中帶來競爭優勢。

目　錄

1 緒論 / 1

　1.1 研究背景和研究問題 / 1

　　1.1.1 研究背景 / 1

　　1.1.2 研究問題 / 8

　1.2 研究目的和研究意義 / 10

　　1.2.1 研究目的 / 10

　　1.2.2 研究意義 / 10

　1.3 研究方法和技術路線 / 12

　　1.3.1 研究方法 / 12

　　1.3.2 研究技術路線 / 14

　1.4 研究框架和研究創新 / 15

　　1.4.1 研究框架 / 15

　　1.4.2 研究創新 / 16

2 文獻綜述 / 18

　2.1 參照群體研究概述 / 18

　　2.1.1 參照群體的概念、類型和作用方式 / 19

　　2.1.2 參照群體的效應 / 28

　　2.1.3 參照群體的影響機制 / 36

　　2.1.4 參照群體研究小結 / 37

2.2 品牌資產研究概述 / 38
    2.2.1 品牌資產的概念 / 38
    2.2.2 品牌資產的測量研究 / 44
    2.2.3 品牌資產的形成 / 54
    2.2.4 品牌資產的影響因素 / 55

2.3 感知風險研究概述 / 58
    2.3.1 感知風險的概念 / 58
    2.3.2 感知風險的構成維度 / 60
    2.3.3 感知風險與購買決策 / 64
    2.3.4 感知風險的影響因素 / 64

2.4 消費者遵從動機 / 67

2.5 產品信息屬性 / 68

2.6 本章小結 / 69

3 理論模型和假設推演 / 71

3.1 相關概念的界定 / 71
    3.1.1 參照群體作用的界定和內涵 / 71
    3.1.2 品牌資產的界定和內涵 / 74
    3.1.3 感知風險的界定和內涵 / 76

3.2 理論模型構建 / 79
    3.2.1 框架構思的理論基礎 / 79
    3.2.2 理論模型的推演和形成 / 81

3.3 研究假設 / 84
    3.3.1 參照群體作用對品牌資產的影響 / 84
    3.3.2 參照群體作用對感知風險的影響 / 87
    3.3.3 消費者遵從動機特徵的調節作用 / 90
    3.3.4 產品信息屬性的調節作用 / 90

3.3.5　感知風險在參照群體作用與品牌資產之間的仲介作用 / 91

　3.4　本章小結 / 94

4　問卷設計與修正 / 96

　4.1　問卷設計 / 96

　　　4.1.1　問卷設計的原則 / 96

　　　4.1.2　問卷設計的結構 / 97

　　　4.1.3　問卷設計的程序 / 100

　4.2　變量的測量 / 102

　　　4.2.1　參照群體作用的測量 / 104

　　　4.2.2　品牌資產的測量 / 105

　　　4.2.3　感知風險的測量 / 107

　　　4.2.4　遵從動機的測量 / 108

　4.3　前測分析 / 110

　　　4.3.1　前測分析的方法 / 111

　　　4.3.2　前測問卷的描述性統計 / 115

　　　4.3.3　前測問卷的項目分析和信度檢驗 / 117

　　　4.3.4　前測問卷的效度檢驗 / 120

　4.4　本章小結 / 125

5　數據分析和假設檢驗 / 126

　5.1　數據收集情況及分析方法 / 126

　　　5.1.1　數據收集 / 126

　　　5.1.2　樣本的基本情況 / 127

　　　5.1.3　樣本數據的同源誤差檢驗和相關性分析 / 129

　5.2　樣本的信度檢驗和效度檢驗 / 129

　　　5.2.1　參照群體作用的信度和效度檢驗 / 131

　　　5.2.2　品牌資產的信度和效度檢驗 / 134

5.2.3　感知風險的信度和效度檢驗 / 137

　　　5.2.4　遵從動機的信度和效度檢驗 / 139

　5.3　假設驗證 / 140

　　　5.3.1　參照群體對品牌資產的影響 / 141

　　　5.3.2　參照群體對感知風險的影響 / 143

　　　5.3.3　遵從動機特徵的調節作用 / 145

　　　5.3.4　產品信息屬性的調節作用 / 147

　　　5.3.5　感知風險的仲介作用 / 148

　5.4　本章小結 / 152

6　研究結論與展望 / 154

　6.1　研究結論 / 154

　　　6.1.1　研究結果 / 154

　　　6.1.2　研究討論 / 155

　6.2　研究貢獻 / 157

　　　6.2.1　理論價值 / 157

　　　6.2.2　現實價值 / 159

　6.3　研究局限和未來展望 / 167

　　　6.3.1　研究的局限 / 167

　　　6.3.2　研究的展望 / 168

參考文獻 / 169

附錄 / 184

後記 / 192

1　緒論

1.1　研究背景和研究問題

1.1.1　研究背景

1. 現實背景

（1）品牌資產的重要性

20世紀50年代，美國著名的廣告大師大衛·奧格威首次提出品牌的概念。他指出品牌是一個錯綜複雜的概念，是企業的一種無形資產。品牌不只是簡單的名稱、術語、象徵、記號或設計，還具有巨大的價值。這首先體現在企業在產品質量、性能等方面的承諾，會影響到顧客對產品或服務的選擇。其次，一旦顧客對品牌產生信任感，就可能會選擇與品牌相關的其他產品，即使是在價格高於競爭對手的情況下。再有，20世紀80年代全球範圍內出現商業併購浪潮，併購的價錢可以達到被併購企業帳面資產的幾倍甚至幾十倍，這也體現了品牌的價值。由此可見，品牌蘊藏著巨大的價值，也就是所謂的品牌資產。

隨著經濟全球一體化的快速發展，市場競爭也日趨激烈，企業面臨著各種嚴峻挑戰。為了在市場上據有一席之地，企業的競爭手段層出不窮，競爭重點也從產品、技術、服務等要素轉向品牌的競爭，品牌在企業的地位也隨之不斷提高。正如萊利·萊特所說：「未來的營銷是品牌的戰爭。商界與投資者將認清品牌才是公司最寶貴的資產，擁有市場比擁有工廠重要得多，而擁有市場的唯一途徑就是擁有具有市場優勢的品牌。」品牌資

產能為企業帶來財務權益、市場權益和延伸權益[①]。

①財務權益

20世紀80年代,全球範圍內出現了商業併購的浪潮,令人們感到意外的是,併購的價錢竟然達到了被併購企業帳面資產的幾倍,甚至幾十倍。例如,1988年,雀巢公司以英國利郎公司資產總額的26倍的價格將其收購。2004年12月8日,聯想集團對外宣布了一件震驚中國企業界的大事件——聯想集團以高額費用併購IBM全球的個人電腦業務。為此,聯想集團需要支付6.5億美元現金給IBM,轉給IBM價值6億美元的聯想集團18.5%左右的普通股股份,並且承擔IBM個人電腦部門5億美元的負債,而聯想獲得的權益是五年內可以免費使用IBM的品牌。這就是品牌資產給企業帶來的財務權益。企業在營銷產品的過程中,品牌會形成一種無形資產,為企業帶來財務權益,如附加價值、重置成本、財務價值、增量現金流、利潤率等。財務權益主要是對股東負責,避免低估企業價值。企業應向股東報告其所有資產的價值,包括所有有形資產和無形資產的價值,說明企業的經營績效,並為企業募集資金和制定併購決策提供依據。

②市場權益

2014年9月15日,蘋果公司公布的數據顯示,iPhone 6和iPhone 6 Plus兩款新手機上市後的24小時內,全球銷售量就超過400萬部。蘋果公司的高水平市場佔有率充分體現了品牌資產給企業帶來的市場權益。企業的品牌營銷活動,會促使顧客的心理和行為發生變化,影響顧客的購買決策,進而為企業帶來市場權益,如價格溢價、購買意願、市場佔有率等。市場權益研究著重於市場上消費者對品牌的實際反應,它會影響品牌的市場地位,進而影響企業利潤。從市場角度來認知品牌資產,反應了消費者根據自身需求對某一特定品牌的偏好、情感和忠誠,特別是消費者賦予某一特定品牌的超越其功能價值的,在消費者心中的形象價值部分,是消費者對企業產品或服務的主觀認知和無形評估。所以,從市場角度來認知的品牌資產需要品牌所有者不斷維繫,以此來贏得消費者的青睞,以實現增加其品牌資產價值的目標。

③延伸權益

1987年,娃哈哈集團創始人宗慶後帶著兩名退休教師共3名員工和14萬借款開始創業。1988年,企業投資並生產兒童營養液,憑藉一句「喝了娃哈哈,吃飯就是香」的廣告流行語,產品大賣,使「娃哈哈」品牌享譽

[①] 範秀成. 品牌權益及其測評體系分析 [J]. 南開管理評論, 2010 (1): 9-15.

全國。如今，娃哈哈集團推出近 100 個品種的八大類產品，成為當今中國效益最大、最具發展潛力的食品飲料企業①。娃哈哈集團經營多類型產品的快速發展過程，充分說明了品牌資產在品牌延伸方面的權益。當企業推出新產品或進入新領域時，如果是消費者熟悉和喜愛的品牌，那麼企業的市場推廣就會容易得多。因此，對於一個企業而言，建立一個全新的品牌的成本要比品牌延伸的啓動成本高得多，而且失敗的概率也高於品牌延伸。

綜上，品牌對企業具有重要意義，它會給企業帶來財務權益、市場權益和延伸權益，能賦予企業更強有力的、持續的和差異化的競爭優勢（Keller，1998）。品牌資產是企業最有價值的資產之一（Aaker，1991）。究其緣由，主要是品牌可以幫助顧客理解、處理並存儲大量的產品信息和品牌信息，也就是幫助顧客認識、瞭解和區分產品，可以影響顧客再次購買產品時的信息，增加顧客對產品使用的滿意度。企業通過向顧客提供超額價值來影響顧客的購買忠誠，為企業帶來穩定的未來收益，甚至是獲得品牌溢價。品牌有助於企業擴展新業務（新產品）和以高於數倍有形資產的價格出售有形資產。

（2）國內企業品牌資產管理面臨挑戰

2013 年 11 月 7 日，在《福布斯》雜誌全球最有價值品牌的評選中，蘋果再次奪得桂冠，連續三年獲得《福布斯》全球最有價值品牌稱號。蘋果的品牌價值高達 1,043 億美元，微軟以 567 億美元排名第二，進入榜單前十名的還有可口可樂、IBM、谷歌、英特爾、三星等公司，且這些品牌的價值都較去年有很大的增長，具體品牌價值和所屬行業可見表 1-1。

表 1-1　2013 年福布斯全球最具價值品牌百強排行榜 TOP10 名單

排名	品牌	品牌價值（億美元）	所屬行業
1	蘋果/Apple	1,043	技術
2	微軟/Microsoft	567	技術
3	可口可樂/Coca-Cola	549	飲料
4	IBM	507	技術
5	谷歌/Google	473	技術
6	麥當勞/McDonald's	394	餐飲

---

① 宋麗華. 從娃哈哈副品牌成功運用看品牌延伸的副品牌策略 [J]. 中小企業管理與科技，2009（11）：13-14.

表1-1(續)

排名	品牌	品牌價值（億美元）	所屬行業
7	通用電氣/General Electric	342	多元化經營
8	英特爾/Intel	309	技術
9	三星/Samsung	295	技術
10	路易威登/Louis Vuitton	284	奢侈品

　　從《福布斯》雜誌評選的2013年最有價值的100個品牌來看，它們來自15個國家的20個行業。榜單上的美國品牌超過半數，其次是德國9個品牌、法國8個品牌和日本7個品牌。但是，在這個榜單上，卻沒有一個中國品牌的身影。這主要是因為：

　　首先，中國企業品牌管理起步較晚。相比西方國家近百年的品牌歷史，中國企業的品牌觀念啓蒙較晚，在20世紀90年代初才興起品牌意識。中國企業對品牌的理解比較模糊，有的企業不懂品牌經營，品牌標示不具有獨特性，缺乏文化內涵，難以在激烈的品牌競爭中保持長久的生命力；有的企業不注重提高產品的質量，質量是品牌的生命，消費者對品牌的認可，來自對產品質量的認可，質量得不到保證的品牌，不僅無市場競爭力，也會降低品牌的價值和競爭力。

　　其次，中國企業品牌管理尚不成熟，特別是在品牌管理初期，品牌管理以商標管理為主。有的企業雖然註冊了自己的商標，但是宣傳投入不足、宣傳力度不夠，被束之高閣，其作用的發揮便大打折扣。大多數企業品牌管理的主要工作就是對商標和其他無形資產（如專利等）的管理，管理內容涉及專門品牌管理的不多。品牌和商標有著巨大的區別：商標是法律概念，品牌是市場概念（在經濟活動中）；商標是由主觀產生，即本公司主動註冊就可產生，而品牌是互動產生，是在和消費者長期互動的過程中形成的；關於商品或企業的形象和標誌，商標注重表面保護，品牌注重實際運作；商標的管理方式主要以註冊、續展、許可等為主，品牌的管理主要以創建、維護為目標，以定位、整合傳播、定期檢查等為手段，是建立在科學的市場監測基礎上的流程化運作；商標解決合法的問題，品牌解決合理的問題。品牌離不開商標，但絕不等於商標。商標管理是品牌管理的組成部分，品牌管理以商標管理為主要內容。

　　再有，傳統品牌傳播方式不再高效。如今，就媒體而言，一方面傳統傳播媒體要價水漲船高，抬升了企業的營銷成本，曾經的央視標王——孔府家宴、秦池酒和愛多VCD等品牌的衰落證明了傳統單一的廣告不再高

效。同時媒體數量越來越多,分散了人們的注意力,阻礙了品牌與消費者的溝通。另一方面則是新興媒介的興起,使得消費者面對著多樣化的信息接觸點、海量的信息,擁有多元的意見表達渠道。Keller 引用一名營銷人員的話來闡述建立品牌面臨的挑戰:「在 20 世紀中期,即使是大範圍做廣告,費用也非常便宜。但是進入 21 世紀,廣告費非常昂貴。在 20 世紀中期,顧客對於廣告的接受度非常高,但是現在廣告對於顧客來說再平常不過了,顧客不再像過去那樣相信電視上的信息了;當你把廣告音量調的稍微大點,人們就會覺得很厭煩,要說服顧客購買某種產品越來越難了。」企業缺乏品牌專業化管理,導致品牌營銷手段單一[1]。很多企業主要依賴廣告傳播品牌,他們認為產品能不能出名,能在多大範圍內出名,全靠廣告攻勢。只要肯花錢,大手筆地投入廣告,把企業的主要精力、財力都集中於廣告中,就能速成品牌。如目前的保健品市場和房地產市場,靠廣告起家一時紅遍大江南北,製造出品牌,可幾年後就偃旗息鼓了。所以,企業為了更好地進行品牌管理,有效地傳播品牌,應該選擇更加深入、全面、有效的品牌傳播方式。

(3)參照群體對消費者品牌態度和品牌行為的影響

購買決策過程中,消費者本身的認知起到了主導作用。消費者的購買態度和購買行為受到很多消費者的內部要素和外部要素的影響。消費者內部要素包括個人的動機、感知、學習和態度等[2]。消費者外部要素包括企業的營銷活動、社會文化及參照群體等,其中,參照群體作為外因在消費者的購買過程中起著很大的作用。

「第一夫人」彭麗媛的每一次出訪,都會形成輿論熱點,而她的穿戴用品更是備受國人關注[3]。2014 年彭麗媛女士在歐洲出訪期間,網上熱傳了其在歐洲出訪期間用手機拍照的圖片。在照片中彭麗媛女士所使用的手機是國內廠商中興通訊旗下子品牌努比亞的產品,這款手機的市場售價不足 2,000 元。

中興通訊確認,照片中彭麗媛女士所使用的手機正是其旗下子品牌努比亞的 Z5Mini,這是該品牌去年的主打產品,當時售價在 2,000 元以內,而現在這款手機的升級版 Z5Smini 已經上市,售價也只有 1,499 元。由此

---

[1] 王海忠,於春玲,趙平. 品牌資產的消費者模式與產品市場產出模式的關係[J]. 管理世界,2006(1):106-119.
[2] 林升棟. 消費者對人際影響的敏感度研究[J]. 消費經濟,2006(3):37-42.
[3] 趙曉寧. 揭秘彭麗媛所用國產手機:努比亞 Z5 迷你 日銷售量一天翻番[N]. 京華時報,2014-04-01.

可見，彭麗媛女士使用的手機是價格相當親民的產品。這次亮相，也讓努比亞產品的關注度大為提高，使 Z5Smini 手機的銷量大幅提高。

道景諮詢資深電信分析師馬繼華認為，支持國貨已經成為這屆領導人的共識。不管是主席還是總理，都充分利用各種場合展示對國產品牌的偏愛，也不遺餘力地向外推廣。在國際場合，國家首腦使用國產品牌，既能提高產品的曝光度和影響力，也能體現國家的自信。彭麗媛女士使用中興 Z5Smini 手機給出了一個明確的信號——國家會繼續加大對國產品牌和自有知識產權的支持力度。因此，其他的國產手機也會集體得益。

彭麗媛女士用中興通訊旗下子品牌努比亞的 Z5Smini 手機拍照的圖片在網路上熱傳，其銷量一日翻番，網上很多使用同品牌手機的網友歡欣鼓舞，覺得自己的品位能夠跟自己崇拜的對象——彭麗媛女士一樣。這就是一種參照群體的名人效應。作為消費者渴望群體成員的名人，如電影明星、體育明星、歌唱家等對消費者具有超大的影響力和號召力，有時甚至超過了成員群體所起的作用，這也是各大企業高價聘請明星做產品代言人的原因，因為明星對消費者起到示範性作用，可以促使崇拜他的消費者進行模仿，產生消費行為。

所以，關於參照群體對消費者行為影響的研究正受到越來越多人的關注。其產生影響體現在：第一，參照群體會給消費者提供相應的信息，提高消費知識和決策能力，進而降低感知風險；第二，消費者具有社會性的一面，當其在特定環境下進行購買決策時，並不是基於自己的偏好，會受到包括參照群體在內的多方因素的顯著影響；第三，消費者通過使用某種產品或品牌可以傳達自己是什麼樣的人或不是什麼樣的人。

(4) 參照群體內容的日益豐富

隨著時代的變化，參照群體的意義也發生變化。在信息交流相對不暢通的時代，參照群體是家人、朋友、鄰居、同學、同事、宗教團體[①]等（Moutinho, 1987）。隨著網路的快速發展，手機、網路等媒體的產生與發展使人們的交際面、接觸面逐步擴大。人們也越來越多地利用網路進行交流互動，發布與獲取品牌信息、查看消費者及相關專家評論、跟蹤網上流行趨勢等。發展到今天，消費者已經在網上建立屬於自己的生活圈子，比如：QQ 群、微信群、搜索引擎、天涯社區、QQ 空間、人人網等。參照群體不僅是指具有互動基礎的群體，同時也包括了與個體沒有直接面對面接

---

① Moutinho L. Consumer Behavior in Tourism [J]. European Journal of Marketing, 1987, 21 (10): 5-9.

觸但會對個體行為產生影響的個人和群體。所以，從參照群體角度來研究企業品牌管理面臨更多的空間和機會。

品牌資產具有戰略意義，但是品牌資產不會自發產生，品牌資產的構建、維持和保護都需要企業進行管理。而國內企業在品牌管理方面相對落後，所以如何高效地進行品牌資產管理是當前眾多國內企業面臨的重要課題。再有，參照群體對消費者品牌態度和品牌行為的影響及參照群體構成內容的日益豐富化，為企業進行品牌管理提供了一個角度，也就是從參照群體的角度來研究企業的品牌管理。

2. 理論背景

品牌資產是 20 世紀 80 年代在企業管理中營銷實踐界和理論界出現的一個重要概念。特別是在美國營銷科學研究院（MSI）將品牌資產作為 20 世紀 90 年代最重要的研究課題之後，品牌資產成為企業管理營銷實踐界和理論界關注的熱點問題。縱觀品牌資產 30 多年的研究，研究內容主要有品牌資產概念的界定、品牌資產的測量模型和品牌資產的影響因素。在品牌資產的影響因素中，主要從企業內部進行相關研究，已有研究證明產品、價格、促銷、渠道（Keller，1993）、產品危機應對策略（方正，2011）、慈善捐贈行為和企業聲譽（薛永基，2011）等因素對品牌資產影響顯著。隨著參照群體內容的日益豐富，從參照群體這一外部因素來研究其對品牌資產的影響有待進一步發展。

1942 年美國著名社會心理學家 Hyman 最早使用參照群體這一術語，此後，它在社會心理學、消費行為學、市場營銷學和廣告學等領域中不斷地發展和完善。參照群體在消費行為學和市場營銷學等領域的主要研究成果有參照群體概念的界定、類型和作用方式，以及參照群體對消費者行為影響的實證研究。比較統一的觀點是參照群體作用包括三個維度：信息性作用、功利性作用和價值表達性作用。其中，信息性作用是參照群體成員的觀念、意見和行為等信息對個體消費態度和行為產生的參考作用，功利性作用是參照群體成員的期望和偏好對個體消費態度和行為產生的比較作用，價值表達性作用是參照群體的信念和價值觀對個體消費態度和行為產生的比較作用。

對參照群體與消費者品牌態度和品牌行為的關係的相關研究，主要經歷了兩個階段。早期研究集中於參照群體的評價、態度和行為對消費者的品牌選擇（Witt，1969；Bearden & Etzel，1982）、品牌偏好和品牌忠誠（Stafford，1966）、品牌聯想和品牌含義（Escalas & Bettman，2003）等消費者品牌態度和品牌行為的影響；後期研究集中於參照群體作用方式（信

息性作用、功利性作用和價值表達性作用）對消費者購買意願（陳家瑤、劉克、宋亦平，2006）、溢價支付意願（Keeshan，2009）、炫耀性購買（鄭玉香、袁少鋒，2009）、衝動性購買（於尚豔、李華軒，2013）的影響。

大多數學者關於參照群體對品牌資產的影響的研究，比較零碎，以下幾點有待進一步發展：

（1）從參照群體角度研究品牌資產，系統研究品牌資產有待進一步發展。

已有的相關研究主要以參照群體的態度、行為或作用方式作為自變量，研究其對品牌選擇、品牌偏好、品牌忠誠、品牌聯想和溢價支付意願等的影響。而以參照群體作用方式為自變量，以品牌資產為因變量，研究參照群體作用方式對品牌資產的影響的相關研究有待進一步發展。

（2）從參照群體角度研究品牌資產，其作用機制有待進一步發展。

從參照群體角度研究品牌資產的文獻中，主要是參照群體對品牌資產某一維度的直接影響，對於參照群體對品牌資產的影響機制，是否存在仲介變量，以及參照群體是如何通過仲介變量來影響品牌資產的研究仍有一定的空間，因此，參照群體影響品牌資產的作用機制尚不全面。

（3）從參照群體角度研究品牌資產，其調節變量有待進一步發展。

已有的有關研究涉及的是參照群體對消費者品牌態度或品牌行為的影響，但是參照群體對品牌資產的影響過程中是否存在調節作用的研究很少，因此，以消費者特徵和產品特徵作為調節變量來研究參照群體對品牌資產的影響有待進一步發展。

（4）從參照群體角度研究品牌資產，其品牌傳播策略有待進一步發展。

已有的有關研究主要是一些理論的研究，對於指導企業合理有效地進行品牌傳播的策略研究較少，因此，本書在研究參照群體對品牌資產影響機制的基礎上提出了品牌傳播中的一些切實可行的建議。

綜上，這為本書的研究提供了機會點，本書擬研究參照群體對品牌資產的影響機制。

1.1.2 研究問題

基於以上研究背景的相關闡述，確定本書研究的基本問題是參照群體對品牌資產的影響機制。本書需要解決的具體問題主要包括以下幾個方面：

第一，參照群體作用方式（信息性作用、功利性作用和價值表達性作用）作為自變量，品牌資產作為因變量，二者的關係是怎樣的。在參照群體作用下，參照群體會對消費者的品牌態度和品牌行為帶來影響。已有研究證實了參照群體作用方式會影響品牌選擇、品牌偏好、品牌忠誠、品牌聯想、溢價支付意願等，而品牌資產是最能涵蓋這些變量的構念。本書將以參照群體作用（信息性作用、功利性作用和價值表達性作用）作為自變量，品牌資產作為因變量，研究兩者的關係如何。

第二，哪些營銷變量是參照群體對品牌資產的仲介變量。參照群體會為消費者提供產品信息或品牌信息的外部刺激，這一外部刺激會對消費者認知和情感帶來變化，進而影響消費者的品牌態度和品牌行為。所以，基於 S-O-R（刺激–機體–反應）理論，在從參照群體外部刺激作用到消費者品牌態度和品牌行為反應的過程中，參照群體會對消費者機體的哪些認知和情感變量帶來變化，即哪些營銷變量是參照群體影響品牌資產的仲介變量，是本書的重點。

第三，參照群體作用方式（信息性作用、功利性作用和價值表達性作用）對品牌資產的影響過程，針對不同的消費者是否存在差異。已有研究證明在相同的參照群體刺激下，對不同特徵的消費者，如自信心、年齡、人際導向、自我監控導向、遵從動機、介入程度、群體認同感和關係強度、決策風格和消費者價值觀等，其參照群體作用是不同的，但是對於其品牌態度和品牌行為的影響是否有差異，是本書的研究問題之一。基於此，本書將探討消費者遵從動機特徵在參照群體作用方式（信息性作用、功利性作用和價值表達性作用）對品牌資產的影響過程中的調節作用。

第四，參照群體作用方式（信息性作用、功利性作用和價值表達性作用）對品牌資產的影響過程中，消費者購買不同的產品時，如可見性和必需程度、產品的複雜性等，其參照群體作用是有差異的。但參照群體對於消費者品牌態度和品牌行為的影響是否有差異，是本書研究的問題之一。基於此，本書將探討產品信息屬性在參照群體作用方式（信息性作用、功利性作用和價值表達性作用）對品牌資產的影響過程中的調節作用。

1.2 研究目的和研究意義

1.2.1 研究目的

本書從參照群體的角度來研究其對品牌資產的影響。研究目的具體闡述如下：

第一，從參照群體的角度系統研究其對品牌資產的影響，厘清參照群體與品牌資產的關係，參照群體作用包括信息性作用、功利性作用和價值表達性作用，本書將驗證信息性作用、功利性作用和價值表達性作用與品牌資產的關係。

第二，從參照群體的角度研究其對感知風險的影響，厘清參照群體與感知風險的關係，參照群體作用包括信息性作用、功利性作用和價值表達性作用，本書將驗證信息性作用、功利性作用和價值表達性作用與感知風險的關係。

第三，研究參照群體對品牌資產的影響過程中的消費者遵從動機特徵和產品信息屬性可能存在的調節作用，本書將驗證消費者遵從動機特徵和產品信息屬性的調節作用，為企業制定更加深入的市場細分策略和產品品牌營銷策略提供依據。

第四，在研究參照群體對品牌資產影響機制中，厘清參照群體與品牌資產的關係、參照群體與感知風險的關係、感知風險與品牌資產的關係，驗證參照群體作用、感知風險、品牌資產三者之間的關係。

第五，在參照群體對品牌資產影響機制的研究基礎上，結合企業面臨的新情景，為企業品牌傳播策略提供依據，如品牌傳播的主體、品牌傳播的內容、品牌傳播的手段，提出了切實可行的建議，希望能夠提高企業品牌傳播的效果，為企業在市場競爭中帶來競爭優勢。

1.2.2 研究意義

1. 理論意義

參照群體理論和品牌資產理論是市場營銷學術界的重要研究課題。關於參照群體的研究主要集中在參照群體概念的界定和類型的劃分、參照群體作用維度的研究和參照群體作用對消費者態度和行為的影響研究；關於

品牌資產的研究主要集中在品牌資產的概念內涵、品牌資產的形成機理、測評體系以及品牌資產的影響要素。但是，從消費者角度來研究參照群體對品牌資產的影響較少，缺乏系統性，有待進一步發展。

本書從市場營銷者角度，研究參照群體對品牌資產的影響機制，主要理論意義共有四點。

（1）豐富品牌資產理論的研究內容。

關於品牌資產的影響因素相關研究中，國內外學者主要是從企業內部的產品、價格、促銷、渠道、產品危機應對策略、產品召回、社會責任等因素對消費者影響的角度來進行研究。本書是從企業外部參照群體的角度來研究其對品牌資產的影響，以擴展品牌資產研究的視角，為企業從外部干預參照群體作用提供基礎理論依據。

（2）構建參照群體對品牌資產的作用機制。

本書在參照群體理論、品牌資產理論和感知風險理論已有研究的基礎上，進一步總結和歸納參照群體的內涵、參照群體的作用方式、參照群體的效應，品牌資產的概念、構成維度和評估模型，感知風險的概念、構成維度和影響因素，並在此基礎上基於 S-O-R（刺激-機體-反應）理論提出參照群體是消費者受到的外部刺激，品牌資產是消費者對外部刺激的反應。那麼在參照群體對消費者施加影響的過程中，消費者的機體發生了何種內部變化，基於此本書提出參照群體影響品牌資產的作用機制是通過降低顧客的感知風險來提高品牌資產。

（3）探索消費者特徵對參照群體影響品牌資產的調節作用。

不同的消費者在購買產品時，參照群體對其購買品牌的態度和行為的影響是有差異的。基於此，本書提出並驗證消費者遵從動機特徵在參照群體影響品牌資產的過程中具有調節作用，從而豐富相關的理論研究。

（4）探索產品特徵對參照群體影響品牌資產的調節作用。

消費者在購買不同的產品時，參照群體對其購買品牌的態度和行為的影響是有差異的。基於此，本書提出並驗證產品信息屬性在參照群體影響品牌資產的過程中具有調節作用，從而豐富相關的理論研究。

2. 現實意義

（1）使企業認識到參照群體是提升品牌資產的有效途徑。

通過研究參照群體作用方式對品牌資產的影響，為企業提高品牌資產提供理論借鑑。品牌資產前期的研究主要從企業內部的營銷變量來探討如何提高品牌資產，忽視了從企業外部的參照群體來提高品牌資產也是有效的途徑之一。企業可以通過影響參照群體對品牌態度和行為的傳播，來減

少感知風險，進一步提高品牌資產。

（2）為企業市場細分策略提供依據。

通過研究不同類型的消費者在面對參照群體作用時其品牌態度和品牌行為的不同反應，可以為企業進行市場細分提供依據。針對不同類型的消費者採取不同的品牌傳播策略，可以達到更好的效果。

（3）為企業提升品牌資產提供思路。

通過研究消費者在購買不同產品時，面對參照群體作用時其品牌態度和品牌行為的不同反應，可以為不同行業的企業提升品牌資產提供思路。針對不同類型的產品採取不同的品牌傳播策略，可以達到更好的效果。

（4）為制定品牌傳播策略提供了思路。

通過對參照群體作用對品牌資產影響的內在機制研究，可以瞭解參照群體不同維度通過感知風險的仲介作用對品牌資產的影響，這為企業制定品牌傳播策略提供了思路，其中包括從參照群體角度來為品牌傳播的主體、品牌傳播的內容、品牌傳播的受眾和品牌傳播的手段提供策略。

1.3 研究方法和技術路線

1.3.1 研究方法

根據本書前面論述的研究問題和研究目的的需要，本書採用了定量研究與定性研究相結合的研究方法。具體來說，主要包括以下幾種方法：

1. 文獻資料法

文獻研究法是根據一定的研究目的，通過分析已有文獻來獲得資料，從而全面地、正確地瞭解和掌握所要研究問題的一種方法。本書在早期階段，對自變量參照群體作用、因變量品牌資產、仲介變量感知風險和兩種調節變量——消費者遵從動機特徵和產品信息屬性的闡述主要是建立在對國內外研究文獻的檢索、梳理、總結和分析的基礎之上。通過綜合分析為本書的概念模型、研究假設以及實證研究提供了理論基礎。主要內容包括以下幾點：

（1）挖掘研究的機會點。

通過對參照群體和品牌資產已有研究的檢索、梳理和總結，分析已有研究的貢獻和不足，並進一步挖掘本書研究的機會點。

（2）探索變量之間的關係。

通過對參照群體、品牌資產和感知風險，以及 S-O-R 理論已有研究的檢索、梳理和總結，分析參照群體作用、品牌資產和感知風險三者可能存在的關係。

（3）瞭解變量的概念、構成維度和測量體系。

通過對參照群體、品牌資產、感知風險、消費者遵從動機特徵和產品信息屬性等理論已有研究的梳理、總結和分析，結合研究問題和研究目的的需要，初步瞭解本書涉及變量的概念、維度的劃分以及測量題項。

2. 深度訪談法

深層訪談法是一種無結構的、直接的、個人的訪問，在訪問的過程中，一個掌握高級技巧的調查員通過深入地訪談一個被調查者，可以揭示其對某一問題的潛在動機、感情、信念和態度。深層訪談法適合於瞭解抽象、複雜的問題，這類問題往往不是三言兩語可以說清楚的，只有通過一對一的自由交談，對其所關心的問題進行深入探討，才能概括出所需要瞭解的信息。在對前期文獻資料分析的基礎上，通過對相關專家和消費者進行深度訪談，為本書的理論模型、研究假設以及實證研究提供了初步驗證。主要包括以下兩部分：

（1）對專家的深度訪談。

本書對多名營銷研究者進行深度訪談，對各變量之間的關係進行進一步確認，主要針對的是研究變量的概念、維度的劃分以及測量題項表達的準確性和嚴謹性。

（2）對消費者的深度訪談。

本書針對消費者在品牌態度和品牌行為形成的過程中參照群體的影響機制對多名消費者進行深度訪談，討論問卷邏輯結構是否有問題、題項設計是否與其消費真實情況一致以及是否存在理解上的偏差等問題。

3. 問卷調查法

問卷調查法也稱為「書面調查法」，或稱「填表法」，是調查者通過書面形式間接收集研究材料的一種調查手段。通過向被調查者發出簡明扼要的調查問卷，請其填寫對有關問題的意見和建議，以此來間接獲得信息的一種方法。在文獻資料法和深度訪談法的基礎上，本書提出了參照群體對品牌資產的影響機制的理論模型與相關研究假設，接下來需要對模型進行精確的變量測量和嚴謹的實證檢驗。本書通過問卷調查法收集符合調查條件的消費者關於品牌的選擇、參照群體對消費者的作用、消費者在購買和使用過程中的感知風險、消費者對所選品牌的品牌態度和品牌行為，以及

被調查者個人信息的相關數據，以便接下來的統計和分析。

4. 統計分析法

統計分析法就是運用數學方式，建立數學模型，對通過調查獲取的各種資料及數據進行數理統計和分析，形成定量的結論。統計分析方法是目前廣泛使用的一種現代科學方法，是一種比較科學、精確和客觀的測評方法。本書根據研究需要，運用統計分析軟件來對問卷調查法收集的數據進行定量分析。主要採用了 SPSS17.0 軟件和 AMOS17.0 軟件。通過 SPSS17.0 軟件對小樣本調查的數據進行項目分析、信度檢驗和多維度變量的探索性因子分析，來對初始問卷進行修訂，形成本書的正式問卷。對大樣本調查的數據，通過 AMOS17.0 軟件進行驗證性因子分析和路徑系數分析，以驗證理論模型和所提假設是否成立。

1.3.2 研究技術路線

技術路線是指包含研究者對其研究目標準備採取的技術手段、具體步驟及解決關鍵性問題的方法等在內的研究途徑。基於以上研究問題和研究目的，本書的技術路線如圖 1-1 所示。

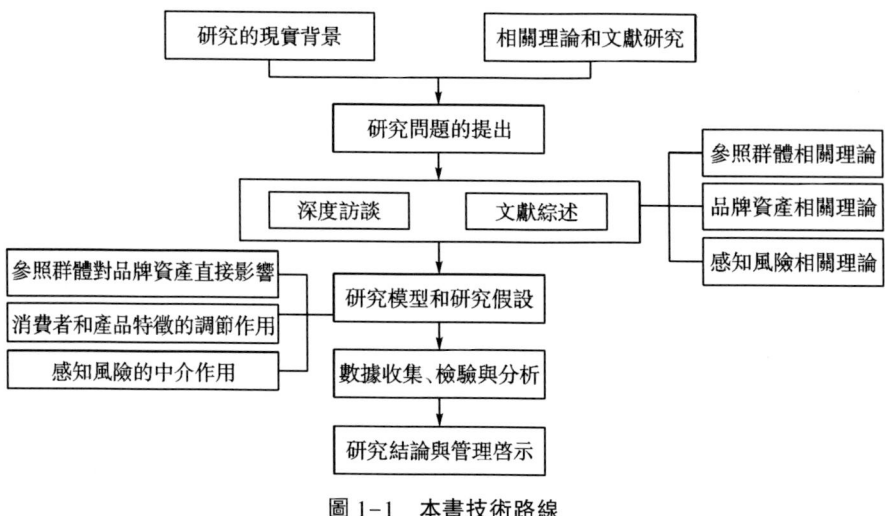

圖 1-1　本書技術路線

1.4 研究框架和研究創新

1.4.1 研究框架

根據上述關於本書研究問題和研究目的的論述,以及解決問題和達到目的的研究方法和技術路線,本書的研究框架共包括六個章節,每章研究具體內容如表 1-2。

表 1-2　　　　　　　　　　本書研究框架

章	名稱	主要內容
第一章	緒論	研究背景和研究問題、研究目的和研究意義、研究方法和技術路線、研究框架和研究創新點
第二章	文獻綜述	參照群體理論、品牌資產理論和感知風險理論
第三章	理論模型和假設推演	參照群體、品牌資產和感知風險三者的邏輯關係以及消費者遵從動機特徵和產品信息屬性的調節作用
第四章	問卷設計	問卷設計、樣本選擇、方法設計、變量概念的界定、量表設計、前測數據分析以及結果描述
第五章	數據分析和假設檢驗	描述性統計分析、信度和效度檢驗;因子分析、相關分析和結構方程分析
第六章	研究結論和管理啟示	研究結論、管理啟示、研究不足和未來研究展望

第一章緒論。本章首先從品牌資產的重要性、企業品牌資產管理存在的問題、參照群體對消費者品牌態度和品牌行為具有顯著影響以及參照群體日益豐富的現實背景出發,通過對參照群體理論、品牌資產理論以及參照群體與品牌資產相關研究的梳理,提出了參照群體對品牌資產具有積極影響。接著,進一步提煉出了本書研究需要解決的問題、研究目的和研究意義,針對研究的問題、研究目的和研究意義介紹了本書研究的方法和技術路線。最後,提出了本書的研究框架和研究創新點。

第二章文獻綜述。本章通過對國內外學者對參照群體、品牌資產和感知風險的相關研究的回顧和歸納,分析已有研究的貢獻和存在的不足,挖掘出可能的研究機會,為本書提供了研究的切入點的同時,也為本書研究

模型的構建以及研究假設的提出提供了堅實的理論基礎。

第三章理論模型和假設推演。本章從 S-O-R 理論出發，通過對研究變量之間邏輯關係進行推理得出本書的理論模型，提出了參照群體影響品牌資產的理論模型；並且進一步提出了感知風險在參照群體作用與品牌資產具有仲介作用的假設，以及消費者遵從動機特徵和產品信息屬性在參照群體作用與品牌資產之間存在調節作用的研究假設。

第四章問卷設計。本章對前文理論分析的理論模型和研究假設進行了預測試和確定正式問卷，主要內容包括問卷設計、樣本選擇、方法設計、變量概念的界定、量表設計、前測數據分析以及結果描述等內容。

第五章數據分析和假設檢驗。本章對前文確定的正式問卷進行大樣本收集，通過多種方式和渠道發放問卷和收集數據。並通過 SPSS17.0 軟件和 AMOS17.0 軟件，對收集數據進行描述性統計分析、各個變量的相關性檢驗、信度檢驗和效度檢驗，評估回收問卷的質量，並結合結構方程分析方法和分組迴歸方法對提出的理論模型和研究假設進行檢驗，以驗證理論模型和研究假設的合理性。

第六章研究結論和管理啟示。本章根據前文進行的數據分析和假設檢驗結果，回顧本書的研究結論，並結合企業品牌管理的實踐，歸納本書研究結論帶來的理論貢獻和管理啟示，並在文章最後指出了本書存在的不足，以及對未來研究方向的展望。

1.4.2　研究創新

根據上述的研究框架內容，本書重點研究的是參照群體作用對品牌資產的影響機制，消費者遵從動機特徵和產品信息屬性的調節作用，以及感知風險的仲介作用。本書的創新主要體現在以下幾點：

第一，已有關於參照群體與消費者品牌態度和消費者品牌行為的研究，大多數是研究參照群體對品牌資產某一維度的直接影響。本書基於 Mehrabian 和 Russell 提出的 S-O-R（刺激-機體-反應）理論，構建了參照群體作用對品牌資產的影響機制模型，研究揭示並驗證參照群體作用、感知風險和品牌資產三者之間的關係。感知風險在參照群體作用和品牌資產之間發揮著仲介作用，以感知風險為仲介作用體現了企業品牌資產的來源不僅僅是消費者感知價值的提高，也包括消費者感知風險的降低，同時也證明了參照群體作用與品牌資產的內在關係。

第二，不同的消費者在購買不同的產品時，參照群體對品牌資產的影響是有所差異的，本書論證了消費者遵從動機特徵和產品信息屬性在參照

群體影響品牌資產的過程中存在調節作用。這為企業營銷者面對不同消費者、針對不同產品制定營銷策略提供了思路和依據。

　　第三，已有關於品牌資產的影響因素的研究中，大多是從企業的營銷策略出發。本書從企業外部的參照群體視角提出並驗證其對品牌資產的影響機制，並在此基礎上提出了參照群體視角下的品牌傳播策略，其中包括品牌傳播的主體策略、品牌傳播的內容策略、品牌傳播的對象策略以及品牌傳播的手段策略。這為企業的品牌傳播，包括時下流行的網路媒體和手機媒體的品牌傳播，提出了切實可行的建議，有利於提高企業品牌傳播的效果，為企業在市場競爭中帶來競爭優勢。

2 文獻綜述

2.1 參照群體研究概述

人是社會動物。我們或從屬於這個群體，或從屬於那個群體，我們也試圖去取悅群體成員，並且通過觀察和詢問其他人的態度和行為來獲取我們行動的提示。我們或向往這樣的群體，或向往那樣的群體。我們想通過購買或行動來表達對於自己想要融入的群體的態度和行為，為了能夠被自己向往群體的接受和認可，會盡力去取悅向往的群體成員。

消費者的消費選擇，並不完全是基於個人偏好的獨立選擇，在很大程度上受到社會因素的影響。參照群體正是社會對個人施加影響的重要手段與途徑之一，是消費者行為社會性的突出體現。在市場營銷中，通過參照群體帶有說服性意圖的產品和品牌使用，向消費者展示一種消費理念和生活方式，會影響消費者自我概念的發展、價值與態度的形成，並產生對群體規則服從的壓力。

關於參照群體的研究最早始於社會心理學。1942 年，美國著名社會心理學家 Hyman 最早使用參照群體這一概念，用於研究社會地位，指的是個體用於比較的個人或者群體[1]。1953 年，Sherif 將參照群體擴展為個人之間有實際所屬關係的群體和心理上所屬關係的那些群體[2]。隨後，社會心理學、消費行為學和市場營銷學領域的大量研究以及個體處在社會關係中的

---

[1] Hyman H H. The Psychology of Status [M]. Archives of Psychology, 1942；周知子. 參照群體對老年人大型節事感知價值的影響 [D]. 上海：華東師範大學，2011.

[2] Sherif M, Wilson M O. Group Relations at the Crossroads [M]. New York：Harper & Bros, 1953.

現實情況顯示，消費者在進行購買決策過程中對產品的評價、態度和行為會受到參照群體的顯著影響。如，消費者在結伴的情況下，會更多地出現衝動性購買，會有更大的購買支出，會光顧更遠的購買地點[①]，會更願意去試用新的產品[②]。究其原因，一方面在參照群體的影響下，會給消費者提供相應的信息，降低其感知風險；另一方面是消費者具有社會性的一面，當其在特定環境下進行購買決策時，會受到包括參照群體這一重要因素在內的社會因素的顯著影響[③]。

國內外學者對於參照群體的研究經歷了不同的發展階段。早期，學者們主要關注參照群體概念的界定和類型的劃分；接著是對參照群體作用維度的研究；現在，主要是對參照群體作用對消費者態度和行為影響的實證研究。有關參照群體的研究內容得到不斷的深入和完善，為市場營銷實踐者深刻地理解消費者行為以及制定有效的營銷決策提供了思路和依據。

2.1.1 參照群體的概念、類型和作用方式

1. 參照群體的概念

群體[④]是由擁有相同信念、規範和價值觀的不同個體組成。這些個體通過一定的社會關係結合在一起，並且在一起追求共同興趣和目標的過程中相互影響著和依賴著。在現實中，每個消費者周圍都有多個群體，參照群體的存在為其提供了某種機會，可以將自己的想法或行為與某一個標準進行對比。比如消費者想購買一臺手機時，究竟買哪個品牌的手機，他可能會受到不同參照群體的作用，其參照對象可能是某個人（品牌代言人），也可能是某個群體（同事）。參照群體在市場營銷研究中被界定為對消費者帶來社會提示的所有外部影響[⑤]。參照群體對消費者的購買決策影響顯著，其成員的評價、期望和行為是消費者形成態度和產生行為的基礎。甚至在某些情況下，參照群體成員的看法和價值觀可以作為消費者購買行為

---

① Granbois D H. Improving the Study of Consumer In-Store Behavior [J]. Journal of Marketing, 1968, 32 (10): 28-33.

② Solomon M. Consumer Behavior, the Fourth Edition [M]. New Jersey: Upper Saddle River, 1999.

③ 龔振，李菡. 中國奢侈品消費的參照群體效應研究 [J]. 商業時代，2007 (11): 20-21.

④ 趙建軍，王校麗. 參照群體對消費者購買行為的影響及營銷對策 [J]. 集體經濟，2010 (12): 80-81.

⑤ 袁少鋒. 參照群體對炫耀性消費行為影響機制實證研究 [D]. 沈陽：遼寧大學，2008.

的向導，會對消費者的評價、態度或行為產生非常重大的影響。

為了更好地研究參照群體，本書首先對參照群體進行界定。在不同研究領域，基於不同的研究目的，國內外眾多學者對參照群體的概念進行了不同的界定和闡釋，參照群體的概念和內涵也得到了不斷地豐富和完善。但是，至今在學術界對於參照群體的概念尚未達成統一共識。

Cooley（1902）在研究中討論了個體怎樣基於他人的知覺對自身行為進行心理與精神的解釋，提出「關注階層」的概念。Dubois（1903）指出他人或群體的態度、行為、規範常常影響一個人的自我感覺。Dewey（1927）在其論著中指出，個體在不同組織中，他的身分是不同的。以上研究都暗示了參照群體的存在，但是並沒有給出明確的概念術語。

Hyman（1942）首先使用「參照群體（Reference Group）」這一術語，指出參照群體是指在消費者購買時會拿來與自己作比較，從而影響自己消費願望與行為的一組社會人群，其研究對參考群體理論的發展有著深遠的影響。此後，國內外學者對參照群體概念的界定提出了眾多觀點。國內外學者 Merton[1]、Park 和 Lessig[2]、Bearden 和 Etzel[3]、Moutinho[4]、Webster 和 Faircloth[5]、Escalas 和 Bettman[6]、Schiffman 和 Kanuk、Michael[7]、龔振等[8]、姜凌[9]、杜偉強等[10]、張劍渝等[11]對參照群體的定義見表 2-1。

---

[1] Merton R K. Continuities in the Theory of Reference Groups and Social Structure [M]. New York: The Free Press, 1957.

[2] Park C W, Lessig V P. Students and Housewives: Differences in Susceptibility to Reference Group Influence [J]. Journal of Consumer Research, 1977 (4): 102-110.

[3] Bearden W O, Etzel M J. Reference Group Influence on Product and Brand Purchase Decisions [J]. Journal of Consumer Research, 1982 (9): 183-194.

[4] Moutinho L. Consumer Behavior in Tourism [J]. European Journal of Marketing, 1987 (21): 5-9.

[5] Webster C, Faircloth J B. The Role of Hispanic Ethnic Identification on Reference Group Influence [J]. Advances in Consumer Research, 1994 (21): 458-463.

[6] Escalas J E, Bettman J R. You are what they eat: The influence of reference groups on consumer's connections to brands [J]. Journal of Consumer Psychology, 2003 (13): 339-348.

[7] Michael R S. 消費者行為學 [M]. 北京：中國人民大學出版社，2009.

[8] 龔振，李茵. 中國奢侈品消費的參照群體效應研究 [J]. 商業時代，2007 (11): 20-21.

[9] 姜凌. 參照群體影響下奢侈品牌消費行為研究 [D]. 成都：西南交通大學，2009.

[10] 杜偉強，於春玲，趙平. 參照群體類型與自我-品牌聯繫 [J]. 心理學報，2009 (2): 156-166.

[11] 張劍渝，杜青龍. 參考群體、認知風格與消費者購買決策——一個行為經濟學視角的綜述 [J]. 經濟學動態，2009 (11): 83-86.

表 2-1　　　　　　　　　　　參照群體的代表性定義

研究者	研究領域	參照群體的定義
Merton 和 Rossi（1957）	社會心理學	參照群體是經常主導個體形成其評價和行為的一些人
Park 和 Lessig（1977）	消費者行為學	參照群體是對個體的評價、願望或行為具有顯著相關的現實或想像中的個人或群體
Bearden 和 Etzel（1982）	消費者行為學	參照群體是對個體行為具有重要影響的個人或群體
Moutinho（1987）	市場營銷學	參照群體是對個體的信念、態度或行為具有重要影響的想像或現實中的個人或群體
Webster 和 Faircloth（1994）	消費者行為學	參照群體是個體評價自我和形成態度時參照的個人或群體
Escalas 和 Bettman（2003）	消費者行為學	參照群體是消費者將自己的行為與之比較的重要社會群體
Schiffman 和 Kanuk（2004）	市場營銷學	參照群體是個體形成價值觀、態度或是行為時比較或參照的個人或群體
Michael（2006）	消費者行為學	參照群體是對個人的評價、期望或行為產生重要影響的一個現實的或想像的個人或群體
龔振和李菡（2007）	市場營銷學	參照群體是個體消費決策時，與個人有著直接接觸或者沒有接觸但會對其產生影響的，用作參照、比較的個體或群體
杜偉強等（2009）	市場營銷學	參照群體是被消費者用來與自己進行比較的重要社會群體
張劍渝等（2009）	市場營銷學	參照群體是在某種特定的情景下，影響個體的態度和行為的群體

　　綜上，國內外學者對參照群體概念的界定不盡相同，但是可以總結出定義的一些共性。本書從參照群體的特徵、參照群體作用的機制、參照群體作用的特點、參照群體作用的結果幾個方面來總結。

　　（1）參照群體的特徵

　　參照群體是個人或群體（Park & Lessig, 1977; Webster & Faircloth, 1994；龔振、李菡，2007）。參照群體可以是個人，如產品代言人，他通過廣告等營銷傳播方式向消費者傳遞信息進而影響消費者的消費態度或消費行為；參照群體也可以是一個群體，如同學或同事，同學們或同事們對消費者購買產品的評價會影響消費者的消費態度或消費行為。參照群體是

現實中的或想像中的（Park & Lessig, 1977；Moutinho, 1987）。參照群體可以是現實中的，如消費者身邊的親朋好友、同學、同事，也可以是想像中的，如消費者的偶像或精神領袖，他們都可能對消費者購買過程中對於產品的評價、態度和行為產生影響。

（2）參照群體作用的機制

在購買決策中，消費者會在瞭解參照群體成員對產品或品牌的消費態度和消費行為後，以參照群體為標準來對比做出自己的購買決策。也就是參照群體對於消費者態度或行為的影響是基於消費者對參照群體的參照和比較（Moutinho, 1987；Webster & Faircloth, 1994；龔振、李菡，2007；杜偉強等，2009）。其中，參照是需要消費者瞭解參照群體關於產品和品牌的評價和看法，比較是消費者知曉個體的消費行為在參照群體中的看法。如一個人打算購買手機時，可能會把同學或朋友的手機作為參照，並通過聆聽和觀察同學或朋友對於自己購買手機的情況來進行比較，以此評價自己的消費情況。

（3）參照群體作用的特點

參照群體作用對於消費者的影響不是偶然發生的，這種影響是經常發生的、顯著的、重要的影響（Merton & Rossi, 1957；Bearden & Etzel, 1982）。消費者在做購買決策時，大部分消費者是從相對固定的群體內（如朋友、家人等[①]）獲取信息。這些信息就是形成消費者購買意願的重要來源，這些參照群體對消費者態度和行為的影響是經常發生的、顯著的、重要的。

（4）參照群體作用的結果

參照群體會對消費者的評價（Deutsch & Gerard, 1955）、態度（Stafford, 1966）或行為（Park & Lessig, 1977；Moutinho, 1987；張劍渝、杜青龍，2009）產生影響。換一句話說，在參照群體作用下，消費者對於產品或品牌的消費態度和消費行為會發生變化。

綜上，本書認為參照群體是個體做購買決策時，作為參照和比較的，並對其消費評價、態度或行為經常產生顯著影響的現實或想像中的個人或群體。

[①] Midgley D. Patterns of interpersonal information seeking for the purchase of a symbolic product [J]. Journal of marketing research, 1983, 20（2）：74-83；David T, Wilson H, Lee Matthews, James W H. An Empirical Test of the Fishbein Behavioral intention Model [J]. Journal of Consumer Research, 1975, 1（4）：39-48.

2. 參照群體的類型

一個人生活在錯綜複雜的社會網路體系中,其消費決策會受到很多人的影響。參照對象可能是會對很多人產生影響的某個人,也可能是影響僅限於消費者身邊環境的個人或群體。影響消費的參照群體可以是家人、朋友、鄰居、同學、同事、宗教團體等(Moutinho,1987),甚至是球隊、明星或導演,他們都有可能是對消費者的看法、態度和行為產生影響的個人和群體。隨著社會的不斷發展,參照群體的類型也不斷豐富。如盛敏、陸曉霞、秦曉敏(2010)[①] 在研究參照群體對大學生購買決策影響時,就引入了網路參照群體的概念。

雖然一個消費者周圍的參照群體眾多,但是對其影響程度卻不盡相同。為了對不同類型參照群體進行深入的研究,學者們根據不同的標準劃分,參照群體的種類也是各異。社會心理學根據個體的成員資格和對參照群體的態度兩個維度,將參照群體分為成員群體、渴望群體、拒絕群體和迴避群體四種類型。但是大多數市場營銷學者根據研究的需要,將參照群體分為成員群體、渴望群體和拒絕群體三種類型(Englis & Solomon,1997)[②]。

(1)成員群體

成員群體指消費者享有成員資格的且對群體影響持肯定態度的個人或群體,包括家人、朋友、鄰居、同學、同事、廣告代言人、團體、黨派、貿易協會、教會、學術組織、品牌虛擬社區等。人們從事各種職業,具有不同的信仰和興趣愛好,因此他們都分屬於不同的社會團體。由於社會團體需要協同行為,作為團體的成員的行為就必須同團體的行為目標相一致。各種團體具有不同的性質,因此它們對其成員行為的影響程度也是不同的。軍人必須穿著軍裝,嚴肅風紀,這時候帶有強制性的紀律。文藝工作者穿著打扮比較浪漫,比一般人更豐富多彩,但這並不是文藝團體對其成員硬性規定的結果,而是一種職業特徵的體現。國外有各種球迷協會,其成員配戴共同的標誌,經常在某一個咖啡館聚會,甚至購買某一種共同牌號的商品,這種行為顯然也是出於自願的行為。

[①] 盛敏,陸曉霞,秦曉敏. 網路參照群體在大學生購買決策中的影響 [J]. 鄭州航空工業管理學院學報,2010,28(5):94-98.

[②] Englis B G, Solomon M R. I am not… therefore, I am: The Role of Avoidance Products in Shaping Consumer Behavior [J]. Advances in Consumer Research, 1997, 24 (1), 61-63.

在成員群體內，維布雷寧[1]根據成員群體的互動作用和接觸的頻繁程度又可分為主要群體和次要群體。主要群體是與消費者接觸頻繁、最為密切的個人或群體，如家人、朋友、鄰居、同學、同事、品牌虛擬社區等，他們對消費者的消費示範作用最為強烈，消費攀比行為發生在這個群體內。次要群體是與消費者相關的、接觸相對較少的各種團體與組織，如團體、黨派、貿易協會、教會、學術組織等，他們對消費者的消費行為起的作用比較小，但是在特定消費時會產生特別的作用，如旅遊愛好者去什麼地方旅遊受「驢友」（網路俚語）的影響更大一些。

（2）渴望群體

除了群體成員之外，人們還可以通過各種大眾媒介瞭解各種社會團體。渴望群體是指消費者渴望加入或作為參照的個人或群體，如電影明星、足球明星、歌唱家等，他們對部分消費者的消費觀念所起的影響作用不可忽視，有時甚至超過了主要群體所起的作用。這也是各大企業高價聘請明星做產品代言人的原因，因為明星對消費者的作用主要是示範性作用，可以促使崇拜他的消費者進行模仿。人們通常會向往某一種業務，羨慕某一種生活方式，甚至崇拜某一團體的傑出人物。那些對未來充滿憧憬的青年人，這種向往心理就顯得尤為明顯。當這種向往不能成為現實的時候，人們往往會通過模仿來滿足這種向往心理要求。女孩子會模仿歌星、影星，男孩子會模仿著名的運動員，成年人也會模仿某些有影響人物的髮型、服飾和生活環境。

（3）拒絕群體

拒絕群體是指消費者有成員資格、但不認同和接受它的價值觀念、態度和行為的群體。例如，有些人因作為公司職員而從屬於某一個群體，但是他的內心可能根本就不認同所在公司的公司文化，從而在他的言談舉止上表現出一定的「另類」，甚至與周圍的同事顯得有些格格不入。

人們往往會與自己類似的人進行比較，所以，很多營銷策略會選擇「普通人」，他的消費活動提供了信息性作用，哪些人可能會成為參照群體呢？主要考慮鄰近性、單純曝光和群體凝聚力。鄰近性是物理上的接近，隨著物理距離的拉近、交互機會的增加，關係也更容易形成，如隔壁鄰居比相隔兩戶的鄰居成為朋友的可能性要大得多。單純曝光是我們會因為見到一個人的次數較多而對其產生一定的好感，即使是我們無意中發生的較

---

[1] 王慧農. 西方學者關於消費者購買行為的五種模式［J］. 國外社會科學，1993（4）：19-23.

高頻率的接觸，也有助於形成參照對象。群體凝聚力是指群體內成員相互吸引的程度以及對該群體成員身分的重視程度。群體對於其成員的意義越大，引導成員的消費決策的可能性也就越大；反之，影響的可能性就越小。所以，群體一般會有成員數量的限制，只會選擇性地賦予一些人成員資格，進而提高成員資格的價值。

3. 參照群體的作用方式

從20世紀中期至今，參照群體作用方式的相關研究經歷了不同的研究階段。早期是社會心理學的相關研究，而後是消費者行為學不同學者的研究，直到最後達成了一定的共識。

(1) Kelly 的研究

Kelly（1952）綜合眾多參照群體理論專家的觀點，將參照群體作用分為規範性作用和比較性作用兩個維度①。規範性作用（Normative Function）是群體為個體建立和制定標準，並迫使個體遵循，個體通過接受此參照群體的意見和準則，來取得或維持某個群體對其認可和讚許；比較性作用（Comparative Function）是消費者將群體作為形成觀念和制定決策的參照對象，並在消費者決策過程中進行比較。

參照群體的規範性作用和比較作用往往是統一的，規範是比較的前提，比較是規範發生作用的途徑。如大學新生剛入學時，常常把輔導員的觀點作為參照點來進行自我評價，這就是比較性作用，即將他人的觀點和自己的行為進行比較；而輔導員又常從自己規範的角度來要求新生，如果新生接受就給予支持，起著規範作用，就是他人的觀點獲得了群體的接受和認可。

(2) Deutsch 和 Gerard 的研究

Deutsch 和 Gerard（1955）、Burnkrant（1979）、Bearden，Netemeyer 和 Teel（1989）將社會影響分為規範性影響（Normative Influence）和信息性影響（Informative Influence）兩個維度。規範性影響是個體做出符合他人期望行為的影響；信息性影響是個體從他人那獲取證實實際情況信息的影響，信息包括對產品的評價或偏好等觀點和行為。

(3) Park 和 Lessig 的研究

Park 和 Lessig（1977）基於 Deutsch 和 Gerard（1955）的研究，將

---

① Hyman H, Singer E. Readings in Reference Group Theory and Research [M]. New York: Free press, 1961.

Deutsch 和 Gerard 的規範性影響分為功利性影響和價值表達性影響，提出並驗證了參照群體影響三維度：信息性影響（Informative Influence）、功利性影響（Utilitarian Influence）和價值表達性影響（Value-expressive Influence）。在此後的 30 年裡，Park 和 Lessig 的參照群體作用方式三維度及其開發的量表得到了國內外學者的廣泛接受，並且沿用至今。

①信息性影響。信息性影響是消費者獲得其他成員的產品信息或品牌信息，以此提高消費決策知識或適應消費情景能力而受到的作用。在消費者遇到不確定的購買情景時，憑眼看手摸難以對產品品質做出判斷時，他人的使用和推薦將被視為非常有用的證據。他會通過向他人收集相關的信息來降低風險以獲得滿意的產品①，比如，網上購物的消費者會看之前購買此產品的消費者的在線評價。群體在這一方面對個體的影響，取決於被影響者與群體成員的相似性，以及施加影響的群體成員的專長性。

②功利性影響。功利性影響是消費者認為群體內他人可見其購買行為，並可能帶來重大獎勵或者懲罰時，就會做出符合群體內他人偏好和期望的購買行為以建立滿意的關係。消費者處在社會環境中，其所做出的品牌選擇並不總是基於自己的偏好，有時會受到群體規則和社會標準的壓力，消費者為了建立滿意的關係而做出與其相配的社交表現。無論何時，只要有群體存在，不需要經過任何語言溝通和直接思考，規範就會迅速發揮作用。規範性影響之所以發生和起作用，是由於獎勵和懲罰的存在。為了獲得讚賞和避免懲罰，個體會按群體的期待行事。廣告商聲稱，如果使用某種商品，就能得到社會的接受和讚許，利用的就是群體對個體的規範性影響。同樣，宣稱不使用某種產品就得不到群體的認可，也是運用規範性影響。如，某香水廣告呈現出有品位人士使用此品牌香水，有的消費者為了獲得他人的讚賞，就會做出購買該品牌香水的消費行為，這就是群體對消費者功利性作用。

③價值表達性影響。價值表達性影響是個體通過提高和表達自我概念來獲得心理滿足而受到的作用。比如，當一個中學生喜歡某個明星時，就會有意識地模仿該明星的行為方式，視明星的價值觀為自己的價值觀，這就是消費者受到了參照群體價值表達性作用。個體之所以在不需要外在獎懲的情況下自覺依群體的規範和信念行事，主要是基於兩方面力量的驅

---

① Childers T L, Rao A R. The Influence of Familial and peer based Reference Groups on Consumer Decisions [J]. Journal of Consumer Research, 1992, 19 (1): 198-211.

動。一方面，個體可能利用參照群體來表現自我，提升自我形象；另一方面，個體可能特別喜歡該參照群體，或對該群體非常忠誠，並希望與之建立和保持長期的關係，從而視群體價值觀為自身的價值觀。

本書沿用 Park 和 Lessig 的研究，將參照群體作用分為三維度——信息性作用、功利性作用和價值表達性作用。其中信息性作用是參照群體成員的觀念、意見和行為等信息對個體消費態度和行為產生的參考作用，功利性作用是參照群體成員的期望和偏好對個體消費態度和行為產生的比較作用，價值表達性作用是參照群體的信念和價值觀對個體消費態度和行為產生的比較作用。

4. 參照群體的力量

參照群體為什麼具有如此的作用呢？主要是因為參照群體具有影響力量。社會力量也就是改變他人行為的能力。如果你能支配某人做某件事，不管他是不是願意的，你對那個人就是具有影響力的，下面的力量來源可以幫助我們解釋一個人對他人施加力量的原因[1]。

（1）參照對象的力量

如果一個人欽佩某個群體成員的特質，他往往會通過效仿該群體的行為來模仿他所欽佩的特質，進而影響自己偏好的形成。傑出人士通過代言廣告、發表時尚宣言，或者支持某項事業來影響著人們的消費態度和行為。因為消費者會通過改變自身行為來取悅參照對象，所以說參照對象的力量對於很多營銷策略的制定是非常重要。

（2）信息力量

當一個人掌握了他人想要知道的信息的時候，他就可能擁有了信息力量。比如某個時尚雜誌或仲介組織就可以憑藉自身獲取「真相」的能力對消費者觀念帶來影響，他們可以通過編輯信息和發布信息來成就行業內的某些公司和個人。

（3）合法力量

某些人會以社會協議的形式被賦予力量，比如教授、士兵或警察的影響力。在一些消費環境下，制服也會被賦予合法權，也會得到他人的認可。營銷人員也可以借助這一合法力量來影響消費者，如在牙膏廣告中，一個穿白大褂的人物形象可以增加產品的合法性。

---

[1] 邁克爾·R.所羅門. 消費者行為 [M]. 6版. 北京：中國人民大學大學出版社，2006.

(4) 專家力量

為了吸引人們上網，美國的某機器人公司就請英國著名的物理學家——史蒂芬·霍金代言。該公司的經理就評論說：「我們期望用戶信任，所以，就找到了使用美國機器人公司技術的人，通過他們來向消費者傳遞技術是如何讓其生活變得更加高效。」而史蒂芬·霍金由於身患疾病需要通過機器的語音合成才能說話。在電視廣告上，他說：「雖然我的身體無法掙脫這把椅子，但是有了這個互聯網，我的思想就能飛到宇宙盡頭。」史蒂芬·霍金擁有的專家力量就是源於其擁有某一領域的特定知識，這也能解釋為什麼人們重視專業評論家的評論。

(5) 獎賞力量

當一個人或者群體能夠提供正強化的時候，他就具有了獎賞力量。獎賞力量可能是有形的，也可能是無形的。如讓某個職員的職位得到晉升就是有形的獎賞力量，而評論員的讚許就是無形的獎賞力量。

(6) 強制力量

強制力量是一個群體或個人通過社會威脅或者物理恐嚇的方式來施加影響。威脅一般在短時期內有效，但是不能導致長期的態度和行為變化。所以，強制力量在營銷情景中比較少用到。

2.1.2 參照群體的效應

參照群體效應，是指參照群體會引起消費者的哪些變化，其相關研究比較豐富。20世紀中期，參照群體在有關品牌決策的研究中就已經成為一個重要的分析視角。隨著研究的深入，特別是在消費行為中，參照群體的影響在國外已經成為主導消費者行為的關鍵因素。

本書對參照群體的有關研究進行梳理，其大致經歷了以下三個階段，如表2-2所示。第一階段是參照群體哪些因素會對消費者帶來影響，第二階段是哪些因素會對參照群體作用帶來影響，第三階段是參照群體作用三維度會對消費者的消費態度和消費行為帶來哪些影響。

1. 參照群體要素對消費者的影響研究

消費者在購買決策中，面對獨立做出決定的情形時，他會在在心理上產生抗拒（Venkatesan, 1966；David, 1983）。消費者對產品特性的瞭解主要來自同事、朋友、鄰居、家人或廣告等相對固定的信息來源。參照群體的評價、態度和行為等會對消費者產生影響。

表 2-2 參照群體的效應研究

研究領域	研究者	前置因素	參照群體作用	後置因素
第一階段：參照群體要素對消費者行為的影響	Stafford (1966)	參照群體意見領袖		品牌偏好
	Witt (1969)	成員品牌認知知識		品牌選擇
	Moschis (1976)	與成員對話或看消費行為		購買決策
	陳家瑤, 劉克, 宋亦平 (2006)	參照群體對產品感知價值的評價		感知價值水平、購買意願
第二階段：個體、品牌和產品對參照群體作用的影響	Witt 等 (1972)	消費者的自信心	感知風險, 參照群體的吸引力, 專家權威, 對社會認同的需求, 預期滿意程度	
	Witt (1969, 1972)	群體的凝聚力和規模	信息性作用, 功利性作用和價值表達性作用	
	Lord 等 (2001)	接觸頻率	信息性作用, 功利性作用和價值表達性作用	
	Dotson (1984)	人際導向	信息性作用, 功利性作用和價值表達性作用	
	Brinberg 等 (1986)	自我監控導向	功利性作用和價值表達性作用	
	Bearden, Netemeyer, Teel (1989)	遵從動機	信息性作用, 功利性作用和價值表達性作用	
	Lord 等 (2001)	介入程度	信息性作用	

表2-2（續）

研究領域	研究者	前置因素	參照群體作用	後置因素
第三階段：參照群體作用對消費者態度和行為的影響	林升棟（2006）	決策風格	信息性作用和功利性作用	
	張劍渝，杜青龍（2011）	消費價值觀	規範性作用和價值表達性作用	
	Bearden, Etzel（1982）	產品的可見性和必需程度	信息性作用、功利性作用和價值表達性作用	
	Brown 等（1987）	產品的複雜性	信息性作用	
	Escalas 等（2003）	品牌象徵性	功利性作用和價值表達性作用	
	Lessig 等（1982）	品牌獨特性	信息性作用	
	Keeshan（2009）		群員認同感和關係強度	溢價支付意願
	姜凌（2009）		信息性作用、功利性作用和價值表達性作用	購買價值和品牌忠誠
	鄭玉香，袁少鋒（2009）		信息性作用、功利性作用和價值表達性作用	炫耀性購買
	於尚驩，李華軒（2013）		信息性作用、功利性作用和價值表達性作用	感知價值和衝動型購買

Stafford（1966）以 10 組家庭主婦為研究對象，每組由一個家庭主婦及其好友、鄰居或親戚組成，實驗得出參照群體意見領袖的建議會對個體品牌偏好產生影響。Witt（1969）以 50 組大學男生為實驗對象，通過研究得出，個體對參照群體其他成員品牌知識越瞭解，會使得群體內品牌選擇越趨於一致性。Moschis（1976）以 408 名女性為調研對象，研究發現，消費者與他人的直接對話或他人的消費行為會影響他的購買決策，並提出參照群體影響的理論基礎是 Festinger（1954）的社會比較理論。陳家瑤、劉克、宋亦平（2006）研究在參照群體對產品感知價值的評價水平（高、中、低）與顧客對產品感知價值的評價水平（高、中、低）3×3 九種不同場景下，參照群體產品感知價值評價對顧客產品感知價值的影響，研究發現當消費者與參照群體的感知價值有差異時，參照群體的正面建議會提高顧客的感知價值水平，反之，會降低顧客的感知價值水平。

2. 參照群體作用的調節要素研究

參照群體作用方式包括信息性作用、功利性作用和價值表達性作用，消費者在購買的過程中會受到這些作用方式的影響，但是不同的個體，在不同的參照群體內，購買不同的產品和品牌時，受到的參照群體作用又是不同的。即參照群體並非對所有的產品或者影響活動都具有一樣的影響。例如，我們在選擇不太複雜、感知風險低或者在購買之前能夠試用的產品時，就不會太考慮其他人的偏好。還有，參照群體的具體作用也不總是一樣的，有時瞭解其他人的偏好會決定人們是否需要某些產品，而有時則可能會對某一產品類別的品牌選擇產生特殊影響。具體會受到群體因素、個體因素、產品因素和品牌因素[①]的影響。

（1）群體因素

群體因素是群體的屬性以及消費者與群體的關係。群體要素主要包括群體結構[②]、接觸頻率[③]、可信度和集體主義傾向[④]等方面。

Witt（1969，1972）研究得出了參照群體對消費者決策的影響會受到

---

① 賈鶴，王永貴，劉佳媛，馬劍虹. 參照群體對消費決策影響研究述評［J］. 外國經濟管理，2008, 30（6）: 51-58.

② Witt R T, Bruce G B. Group Influence and Brand Choice Congruence［J］. Journal of Marketing Research, 1972, 9（4）: 440-443.

③ Lord K R, Lee M, Choong P. Differences in normative and informational social influence［J］. Advances in Consumer Research, 2001, 28（1）: 280-285.

④ Yang J, He X, Lee H. Social Reference Group Influence on Mobile Phone Purchasing Behavior: Across - nation Comparative Study［J］. International Journal of Mobile Communications, 2007, 5（3）: 319-328.

群體結構的影響，當正式群體的凝聚力越強，規模越小，消費者的消費決策越容易受到參照群體的影響。

Lord 等（2001）研究得出消費者與參照群體的接觸頻率越高，其消費決策受到的影響就會越大。這是因為接觸頻率越高，產品和品牌的信息越容易獲得，個體的購買決策也越容易被他人發現。

Yang 等（2007）研究發現，在大量的信息中，消費者更加願意接受可信的信息來源，參照群體的可信度越高，參照群體對消費者的信息性作用越大；集體主義取向強調社會自我，更強調個體和他人的關係，更容易受到參照群體的功利性作用和價值表達性作用。

（2）個體因素

個體因素是消費者的個體特徵。在同一參照群體中，不同的消費者對參照群體作用的敏感度也不同。個體特徵主要包括自信心[1]、年齡[2]、人際導向[3]、自我監控導向[4]、遵從動機[5]、介入程度[6]、群體認同感和關係強度[7]、決策風格[8]和消費者價值觀等要素。

Deutsch 和 Gerard（1957）研究發現當個體對自己判斷不確定時，受到的信息性作用和規範性作用更大。

Witt 等（1972）研究發現，消費者的自信心越強，在購買決策中會減少向參照群體收集信息，因此，受到的參照群體信息性作用越小。

Park 和 Lessig（1977）研究發現，在進行購買決策時，學生比家庭主婦更容易受到參照群體的作用。

Dotson（1984）研究得出消費者社會導向越強，就會越容易受到參照

---

[1] Witt R T, Bruce G B. Group Influence and Brand Choice Congruence [J]. Journal of Marketing Research, 1972, 9 (4): 440-443.

[2] Park C W, Lessig V P. Students and Housewives: Differences in Susceptibility to Reference Group Influence [J]. Journal of Consumer Research, 1977 (4): 102-110.

[3] Dotson M J. Formal and Informal Work Group Influences on Member Purchasing Behavior [D]. Dissertation for D. B. A., Mississippi State University, 1984.

[4] Brinberg D, Plimpton L. Self-monitoring and Product Conspicuousness on Reference Group Influence [J]. Advances of Consumer Research, 1986, 13 (1): 297-300.

[5] Bearden W O, Netemeyer R G, Teel J E. Measurement of Consumer Susceptibility to Interpersonal Influence [J]. Journal of Consumer Research, 1989 (15): 473-481.

[6] Lord K R, Lee M, Choong P. Differences in Normative and Informational Social Influence [J]. Advances in Consumer Research, 2001, 28 (1): 280-285.

[7] Keeshan S. Willingness to Pay a Premium for Group Measure of Reference Group Influence [D]. The University of Guelph, 2009.

[8] 林升棟. 消費者對人際影響的敏感度研究 [J]. 消費經濟, 2006 (3): 37-42.

群體作用三維度的影響。

Brinberg 和 Plimpton（1986）提出自我監控導向是個體對情景的敏感程度和反應程度，當個體的自我監控導向越強，在進行消費決策時，受到的功利性影響和價值表達性影響越大。

Bearden 等（1989）界定遵從動機是個體服從他人價值觀的意願，個人的遵從動機越高，那麼受到參照群體的信息性影響、功利性影響和價值表達性影響越大。

Lord 等（2001）發現消費者的介入程度與外部收集努力等密切相關，也就說明，消費者的介入程度越高，受到參照群體的信息性作用越大。

林升棟（2006）驗證了參照群體影響度量表在中國樣本的適應性，同時發現不同決策風格的顧客受參照群體信息性作用和規範性作用大小不同。

Keeshan（2009）在研究參照群體對消費者溢價支付意願得出，群體的認同感和與群體的關係強度影響其溢價支付意願。

張劍渝、杜青龍（2011）[1] 探討消費價值觀（功能導向–身分導向）不同的顧客在購買不同產品類型（奢侈–必需、公開–隱密）時，受到規範性作用和價值表達性作用兩個維度影響是否存在差異，研究發現持不同消費價值觀的顧客對參照群體作用的反應是不同的。

(3) 產品因素

產品因素是消費者消費態度或行為所涉及的產品特徵。消費者在購買不同產品時，會受到不同參照群體的影響，且影響是有差別的，這與產品的屬性相關，如產品的可見性和必需程度[2]、產品的複雜性[3]等。

Bearden 和 Etzel（1982）分析了消費者購買不同類型產品或品牌時受到參照群體作用的差異。研究發現，相對於購買必需品，消費者對奢侈品的購買受參照群體的作用更大；相對於購買私人場合用品，消費者對公共場合用品的購買受參照群體的作用更大。

Brown 和 Reingen（1987）研究發現，產品越複雜，消費者在購買過程中的感知風險就越大，就會向他人尋找關於產品的信息，因此受到的參照

---

[1] 張劍渝，杜青龍. 參考群體、認知風格與消費者購買決策——一個行為經濟學視角的綜述 [J]. 經濟學動態，2009（11）：83–86.

[2] Park C W, Lessig V P. Students and Housewives: Differences in Susceptibility to Reference Group Influence [J]. Journal of Consumer Research, 1977 (4): 102–110.

[3] Brown J J, Reingen P H. Social times and word–of–mouth Referral Behavior [J]. Journal of Consumer Research, 1987, 14 (3): 350–362.

群體信息性作用越大。

(4) 品牌因素

品牌因素是消費者消費態度或行為所涉及的品牌屬性。消費者在購買不同品牌時，其受到參照群體的影響存在差異。品牌因素主要包括品牌象徵性[1]、品牌獨特性[2]等。

Escalas 和 Bettman（2003）研究得出，消費者會通過品牌含義來構建自我形象。消費者會通過購買參照群體所使用的品牌來構建自己和參照群體一致的形象。

Lessig 和 Park（1982）研究得出，品牌的獨特性越強，消費者越容易將其和其他品牌區分，更容易根據自己的判斷來進行選擇，在購買決策過程中受到參照群體的信息性作用越弱。

3. 參照群體作用的影響結果

在參照群體作用下，消費者的哪些因素會發生變化，從現在的研究成果來看大致總結為消費者的態度和行為，如：產品評價[3]、感知價值、口碑推薦、品牌知識和重購意願[4]、自我品牌聯繫[5]、溢價支付意願[6]、炫耀性購買[7]和衝動型購買[8]等。

(1) 購買意願

購買意願是指消費者願意採取特定購買行為的概率高低。Mullet（2006）認為消費者對某一產品或品牌的態度，加上外在因素的作用，構成消費者的購買意願。購買意願可視為消費者選擇特定產品的主觀傾向，並被證實可作為預測消費行為的重要指標。姜凌（2009）研究了參照群體

---

[1] Escalas J E, Bettman J R. You are what they eat：The Influence of Reference Groups on Consumer's Connections to Brands [J]. Journal of Consumer Psychology, 2003, 13 (3)：339-348.

[2] Lessig V P, Park C W. Motivational Reference Group Influence：Relationship to Product Complexity, Conspicuousness and Brand Distinction [J]. European Research, 1982, 10 (2)：91-101.

[3] Deutsch M, Gerard H B. A Study of Normative and Informational Social Influences upon Individual Judgment [J]. The Journal of Abnormal and Social Psychology, 1955 (51)：629-636.

[4] 姜凌. 參照群體影響下奢侈品牌消費行為研究 [D]. 成都：西南交通大學, 2009.

[5] 杜偉強, 於春玲, 趙平. 參照群體類型與自我-品牌聯繫 [J]. 心理學報, 2009 (2)：156-166.

[6] Keeshan S. Willingness to Pay a Premium for Group Measure of Reference Group Influence [D]. The University of Guelph, 2009.

[7] 鄭玉香, 袁少鋒. 中國消費者炫耀性購買行為的特徵與形成機理——基於參照群體視角的探索性實證研究 [J]. 經濟經緯, 2009 (2)：115-119.

[8] 於尚豔, 李華軒. 感知價值對參照群體與消費者衝動購買意願的仲介作用 [J]. 探求, 2013 (4)：64-70.

對消費者奢侈品牌購買行為的影響，研究提出並驗證了參照群體會以消費者購買價值為仲介對奢侈品牌購買行為產生影響。

(2) 自我品牌聯繫

品牌關係是指品牌和消費者之間的關係，廣義上的含義則包括消費者與消費者、品牌與品牌之間關係。杜偉強、於春玲、趙平（2009）研究不同參照群體類型對自我-品牌聯繫影響的差異。研究得出顧客會使用品牌形象與崇拜群體一致的品牌來體現出自己是什麼類型的人，顧客會使用品牌形象與規避群體不一致的品牌來體現自己不是什麼類型的人；顧客對成員群體的情感承諾程度會對成員群體影響自我-品牌聯繫產生調節作用，情感承諾程度越高，成員群體對顧客的自我-品牌聯繫影響越大。

(3) 溢價支付意願

溢價支付意願是指消費者接受一定數量的消費物品或勞務願意支付更多的金額。Keeshan（2009）在參照群體對消費者溢價支付意願的研究中驗證了參照群體影響（群體認同、關係強度和需求獨特性）與消費者溢價支付意願存在顯著關係。

(4) 炫耀性購買

炫耀性消費是富裕的上層階級通過物品的超出實用和生存所必需的浪費性、奢侈性和鋪張浪費，向他人炫耀和展示自己的金錢財力和社會地位，以及這種地位所帶來的榮耀、聲望和名譽。鄭玉香、袁少鋒（2009）基於參照群體視角探索顧客炫耀性購買行為的形成機理，研究發現信息性影響和規範性影響只對群體歸屬交流的炫耀性購買行為發揮作用，價值表達性對物質享受主義強正相關，對人際協調和群體歸屬交流弱相關，面子意識對顧客炫耀性消費影響最顯著。

(5) 衝動型購買

衝動型購買分為純衝動型、刺激衝動型、計劃衝動型。衝動型購買行為一般與計劃性購買行為相對，是一種即興的、自發的、無意識的非計劃性購物行為，而且具有一定的複雜性和情感因素。於尚豔、李華軒（2013）借鑑 S-O-R 理論，提出參照群體和顧客衝動購買意願的仲介變量——感知價值，並驗證了參照群體、感知價值和顧客衝動購買意願三個概念的結構效度和區分效度。研究發現，參照群體與顧客衝動購買意願正相關，感知價值在兩者間起部分仲介作用。

通過以上的文獻回顧，我們可以看到對參照群體的影響的研究國外學者經歷了不同的階段，各自研究又都有所側重，並獲得了大量有關參照群體對消費者行為產生影響的經驗證據，為進一步研究消費者行為提供理論

依據。國內學者對參照群體在消費者行為上的研究起步相對較晚，早期研究多集中在不同類型參照群體（如家庭、朋友等）對消費者購買不同產品或消費決策的研究。近幾年主要從參照群體三個維度的影響來研究消費者購買決策或消費者行為，例如參照群體影響對消費者購買奢侈品牌或者炫耀性消費的影響。

2.1.3 參照群體的影響機制

關於參照群體的影響機制研究，也有少量學者涉及，盛敏、陸曉霞、秦曉敏（2010）在網路時代背景下，在傳統參照群體理論的信息性影響和規範性影響的基礎上，構建了網路參照群體的影響機制，通過實證研究得出，網路參照群體通過信息性影響和規範性影響對消費者行為產生影響。

楊園園（2012）研究參照群體對旅遊感知風險和旅遊意願的影響，具體表現為參照群體的信息性、功利性、價值表達性影響方式對旅遊感知風險和旅遊意願影響的大小，以及旅遊感知風險對旅遊意願的影響（見圖2-1）。

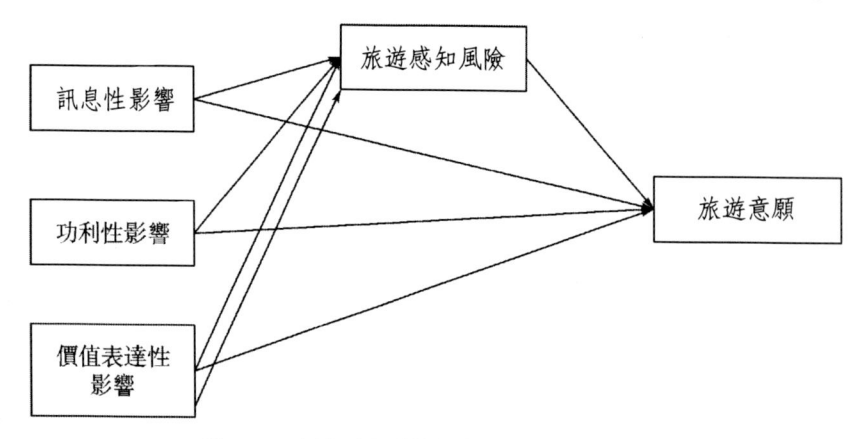

圖2-1　參照群體對旅遊意願的影響研究模型

資料來源：楊園園. 參照群體對旅遊感知風險的影響研究［D］. 成都：西南財經大學，2012.

徐小龍（2012）[①] 以參照群體理論為基礎，構建了消費者參與虛擬社區的購買行為的變化理論模型，如圖2-2所示。徐小龍通過實證研究證明，虛擬社區對消費者影響顯著，且以信息性影響和規範性影響為仲介變量，使消費者的購買行為發生變化。

[①] 徐小龍. 虛擬社區對消費者購買行為的影響——一個參照群體視角［J］. 財貿經濟，2012（2）：114-123.

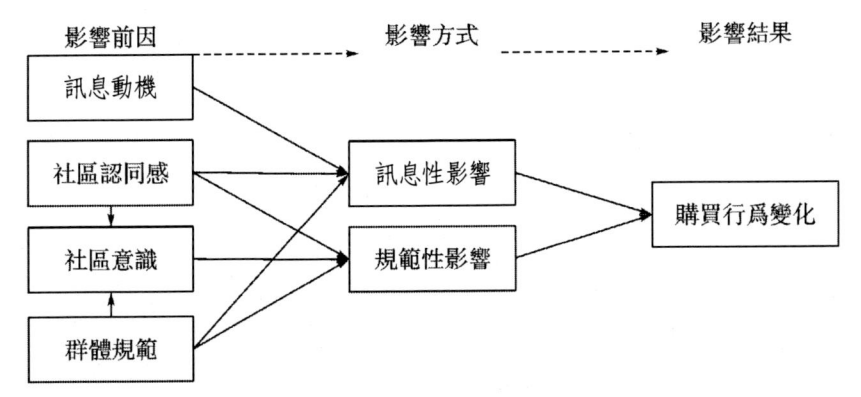

图 2-2 消費者參與虛擬社區的購買行為變化研究模型

資料來源：徐小龍. 虛擬社區對消費者購買行為的影響——一個參照群體視角 [J]. 財貿經濟，2012（2）：114-123.

2.1.4 參照群體研究小結

從國內外學者對參照群體以及參照群體影響機制的相關研究，本書認為參照群體的相關研究存在一些研究機會。

第一，參照群體對消費者品牌態度和行為系統的影響。已有研究中以參照群體作為自變量時，主要關注參照群體對於產品評價、感知價值、口碑推薦、品牌知識、重購意願、自我品牌聯繫、溢價支付意願、炫耀性購買和衝動型購買中的某一種或兩種消費者品牌態度和品牌行為指標的影響，且能在最大程度上涵蓋這些因素的變量是品牌資產。所以，接下來的研究可以以參照群體作用三維為自變量，研究其對品牌資產的研究。

第二，參照群體對消費者品牌態度和行為的影響機制。已有研究多證實了參照群體與消費者品牌態度和行為之間存在直接關係，對於其影響機制的研究很少。參照群體會影響消費者的認知，心理反應又會影響消費者態度和行為，所以接下來的研究將基於 S-O-R（刺激-機體-反應）理論來構建和驗證參照群體對消費者品牌態度和行為的影響機制。

第三，參照群體對消費品牌態度和行為影響的調節因素。已有研究多是研究參照群體因素、消費者因素、產品因素和品牌因素對參照群體作用的影響，但是對在參照群體作用對品牌態度和行為的影響過程中是否存在調節作用的研究相對比較匱乏。所以，接下來的研究可以挖掘和驗證參照群體影響品牌態度和行為過程中的調節因素。

2.2 品牌資產研究概述

品牌資產（Brand Equity）這一營銷概念，最早是美國的廣告公司在20世紀80年代初期使用（Barwise，1993）[①]，直到20世紀80年代後期才得到學術界的廣泛關注，而後由美國營銷科學研究院（MSI）將品牌資產作為20世紀90年代最重要的研究課題（範秀成，2000）[②]，並於20世紀90年代初引入中國（於春玲、趙平，2003）[③]。

作為近些年的研究熱點，品牌資產得到了國內外學術界和實務界的廣泛關注，不同的學者、機構和組織基於不同的研究目的和研究視角，做出了大量的研究成果。品牌資產的研究內容也從最初的對概念內涵的探索分析，發展到後來對形成機理和測評體系的模型構建，再發展到現在對各個調節因素的實證研究，其研究廣度和深度都不斷地加強，為企業的品牌建設提供了發展思路和理論依據。

2.2.1 品牌資產的概念

「Brand Equity」在國內被翻譯為品牌資產或品牌權益，但大多情況下被翻譯為品牌資產。儘管經過了近30年的發展，但是在學術界和實務界，人們對品牌資產的概念都尚未達到共識。正如William所說，「對品牌資產的研究好像盲人摸象，不同的人受個人背景的局限、出於不同的目的，賦予品牌資產的涵義也不同。」[④] 早期的研究主要圍繞品牌的財務價值和概念開展。

1993年，Keller提出的「以顧客為基礎的品牌資產模型」成為品牌資產研究的一個「分水嶺」。Keller認為，制定營銷戰略要基於對消費者的實

[①] Barwise P. Brand equity: Snark or Boojum? [J]. International Journal of Research Marketing, 1993 (10): 93-104.
[②] 範秀成. 品牌權益及其測評體系分析 [J]. 南開管理評論, 2000 (1): 9-15.
[③] 於春玲, 趙平. 品牌資產及其測量中的概念解析 [J]. 南開管理評論, 2003 (1): 10-25.
[④] Aaker D A, Biel A L. Brand Equity & Advertising: Advertising's Role in Building Strong Brands [M]. New Jersey: LEA publishers, 1993.

際需求的理解和滿足。而理解和滿足消費者的需求,就要事先考察消費者對營銷活動的反應,把握消費者行為背後的認知。他認為,品牌資產是「由於顧客品牌擁有的知識引起的對品牌營銷活動的不同反應」。在隨後的研究中,學者們開始從消費者和市場等視角對品牌資產進行研究。不同的學者、機構和組織基於不同的研究目的,從不同的研究角度,賦予品牌資產不同的含義,給出品牌資產不同的構成維度和測評方法。本書對品牌資產的定義進行了歸納和總結,具體見表2-3。

表2-3　　　　　　　　　　　品牌資產的代表性定義

學者	定義
財務角度的定義	
Brasco(1988)	品牌資產是品牌已經發生的盈餘加上將來預期盈餘的折現值
Farquhar(1989)	品牌資產是一特定品牌給產品帶來的附加價值
Smith 和 Park(1992)	品牌資產是企業營銷活動的成功累積,使品牌產品在市場交易中獲得一種可度量的財務價值
Simon 和 Sullivan(1993)	品牌資產與無品牌名稱的產品相比,品牌名稱給產品獲得額外現金流
Barwise(1993)	品牌資產是由消費者對品牌的忠誠而給企業帶來的一種財物價值
市場角度的定義	
Tauber(1989)	品牌資產是企業對品牌預期的利用價值
Doyle(2001)	從產品策略出發,認為品牌資產是一種由差異化競爭優勢帶來的利益,而這種差異是由於企業對品牌的長期投資產生的
消費者角度的定義	
Kim(1990)	品牌資產是喚起消費者感覺、知覺、聯想和思考的特殊組合
Aaker(1991)	品牌資產是與品牌相關的,可以為企業或顧客增加產品價值的資產或減少產品價值的負債
Keller(1993)	品牌資產是品牌知識帶來的消費者對企業營銷活動的差異化反應

表2-3(續)

學者	定義
於春玲和趙平（2003）	品牌資產是消費者對企業營銷活動在認知、情感、行為意向和行為方面的差異化反應
綜合角度的定義	
美國營銷科學研究院（1988）	品牌資產是顧客對品牌的聯想和行為，使得產品比沒有品牌名稱時獲得更多的利潤或銷售額，賦予品牌更久、更大和差別化的競爭優勢
範秀成（2000）	品牌資產是企業營銷活動給產品帶來的額外利益

通過對國內外學者關於品牌資產定義研究的梳理和匯總，可以發現，每個國內外學者從個人的角度出發，給出了不同的定義，這些定義將會影響接下來國內外學者對品牌資產的維度構成和測評方法的研究。為了把各種定義更好地歸納和整合，本書接下來主要闡述品牌資產定義的研究角度和品牌資產的特徵。由於研究層面和測量方式的不同，國內外學者對品牌資產的定義主要從以下四個角度進行：財務角度、市場角度、消費者角度和綜合角度（如圖2-3）。

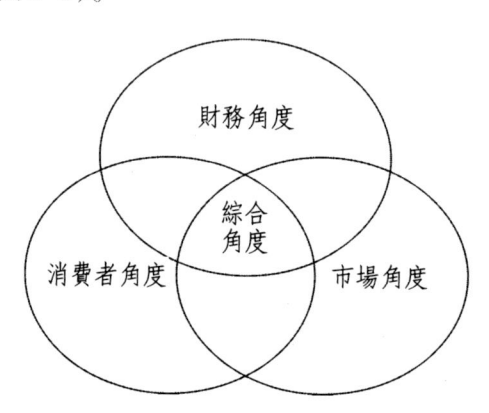

圖 2-3　不同視角下的品牌資產概念

資料來源：劉國華，蘇勇. 多視角下的品牌資產概念述評［J］. 華東經濟管理，2007，21（3）：124-128.

1. 財務角度

財務角度是品牌資產研究最早的一種角度，也是目前幾大國際品牌價值評估公司進行全球品牌評估的基礎，其產生的背景是20世紀80年代國

際上出現了幾宗大型的企業併購案,企業需要對公司的品牌資產進行評估。

財務角度的概念主要聚焦於品牌為企業帶來的財務價值,如 Brasco (1988)[①]、Farquhar (1989)[②]、Smith 和 Park (1992)[③]、Simon 和 Sullivan (1993)[④]、Barwise (1993)[⑤] 等所述,品牌資產能給企業帶來財務價值,如附加價值、重置成本、財務價值、增量現金流、利潤率等。

財務角度的概念認為品牌資產是一種無形資產,因此必須為這種無形資產提供一個與之對應的財務價值。這種概念產生的背景是公司為了對股東負責,避免低估公司價值,需向股東報告其所有資產的價值,包括所有有形資產和無形資產的價值,說明企業的經營績效,並為企業募集資金和制定併購決策提供依據。但是品牌資產財務角度的概念也有其弊端:第一,過於關心股東的利益,集中於企業短期利益,很可能導致公司短期利益最大化而不利於企業的長遠發展;第二,過於簡單化和片面化,品牌資產的內涵十分豐富,絕不是一個財務價值能夠囊括的;第三,財務概念提出了品牌資產的重要性,但是沒有涉及品牌資產的形成原因和形成機理,因此對於品牌管理實戰沒有太大幫助。

2. 市場角度

財務角度的概念會使得品牌建設和管理中出現一些問題,因為財務指標的片面性會使得企業注重短期利益,這對企業的長期發展是非常不利的,而且對於管理者來說操作也十分困難,所以部分學者開始從市場的角度來研究品牌資產。

[①] Brasco T C. How Brand Name are valued for Acquisitions [J]. Marketing Science Institute, 1988: 88-104.

[②] Farquhar P H. Managing Brand Equity [J]. Journal of Advertising Research, 1990, 30 (4): 7-12.

[③] Smith D C, Park C V. The Effects of Brand Extensions on market share and advertising Efficiency [J]. Journal of Marketing Research, 1992, 29 (3): 296-313.

[④] Simon C J, Sullivan M W. The Measurement and Determinants of Brand equity: A Financial Approach [J]. Marketing Science, 1993, 12 (1): 1-13.

[⑤] Barwise P. Brand Equity: Snark or Boojum? [J]. International Journal of Research in Marketing, 1993 (10): 93-104.

市場角度的概念主要聚焦於品牌為企業帶來的市場價值，如 Tauber（1989）①、Doyle（1989）②、Dyson 等（1996）③ 所述，品牌資產會給企業帶來市場產出，如價格溢價、購買意願、市場佔有率等。市場角度的概念認為財務價值是評估品牌價值的第二指標，企業更應該重視未來的成長，應該將重心轉移到品牌的長遠發展力。基於市場的品牌資產研究著重於市場上消費者對於品牌的實際反應，它會影響品牌的市場地位和產生成果，進而影響企業的利潤。

3. 消費者角度

財務概念和市場概念主要探究了品牌資產的產出方面，但都無法回答企業管理者應該如何進行品牌資產的建設的問題，為了解決這一問題，學者開始研究品牌資產和消費者之間的關係。

消費者角度概念主要基於消費者產生品牌資產的機理，如 Kim（1990）④、Keller（1993）⑤、Aaker（1991）⑥、符國群（1999）⑦、於春玲等（2003）⑧ 等研究所示，認為品牌資產是顧客的品牌認知、品牌回憶、品牌聯想等。消費者角度的概念認為品牌能夠給企業帶來價值的根源在於消費者的認知、情感和行為意向，把品牌和消費者的關係作為進行研究的重點，讓企業瞭解消費者對於企業品牌建設的重要價值，這為企業品牌建設提供了思路。

4. 綜合角度

對於品牌資產的研究，一些學者也嘗試著從多個角度來定義品牌資產，如美國營銷科學研究院 MSI（1988）對於品牌資產的定義是：「品牌資產是顧客對品牌的聯想和行為，使得產品比沒有品牌名稱獲得更多的利潤或銷售額，賦予品牌更久、更大和差別化競爭優勢。」這個關於品牌資

---

① Tauber E M. Brand Leverage: Strategy for Growth in a Cost Control World [J]. Journal of Advertising Research, 1988: 26-30.

② Doyle P. Building Value-based Branding Strategies [J]. Strategic Marketing, 2001 (9): 255-268.

③ Dyson P, Farr A, Hollis N S. Understanding, Measuring and Using Brand Equity [J]. Journal of Advertising Research, 1996, 36 (6): 9-21.

④ Kim P. A Perspective on Brands [J]. The Journal of Consumer Marketing, 1990, 7 (4): 63-67.

⑤ Keller K L. Conceptualizing, Measuring, and Managing Customer-based Brand Equity [J]. Journal of Marketing, 1993, 57 (1): 1-22.

⑥ Aaker D A. Manager Brand Equity [M]. New York: Free Press, 1990.

⑦ 符國群. 關於商標資產研究的思考 [J]. 武漢大學學報, 1999 (1): 70-73.

⑧ 於春玲, 趙平. 品牌資產及其測量中的概念解析 [J]. 南開管理評論, 2003 (1): 10-25.

產的定義包含著幾層含義：一是關於消費者態度的，如品牌聯想；二是關於消費者行為的，如願意支付更多的金錢，不願轉換品牌；三是關於財務的，如更多的銷售額和利潤。範秀成（2000）[①]定義品牌資產是企業營銷活動給產品帶來的額外利益，其中額外利益包含三個方面：一是財務權益，二是顧客權益，三是延伸權益。

5. 不同角度的邏輯關係

國內外不同學者對於品牌資產的不同角度的理解並不是相互衝突的，而是基於不同的研究目的對於品牌資產的形成機理和品牌資產的市場產出、財務產出所做的闡述，彼此之間存在循序遞進的因果關係。如圖 2-4 所示，Keller（1998）[②] 開發的品牌價值鏈模型就厘清了消費者角度、市場角度和財務角度三種不同角度的品牌資產定義的邏輯關係。Keller 的品牌價值鏈模型主要有四個假設：第一，企業的品牌價值根源是消費者，也就是顧客的品牌認知、情感和態度，品牌價值產生於公司的品牌營銷活動；第二，企業品牌營銷活動會影響顧客心智，已有研究證明產品、渠道、價格、促銷、產品危機應對策略、產品召回、社會責任等因素會對基於顧客心智的品牌資產帶來顯著影響；第三，顧客心智在市場上的體現是品牌業績，也就是會有多少消費者，在什麼時候，在什麼地點，以什麼價格來購買企業的產品；第四，投資集團會基於市場業績和併購價格等因素，完成對股東價值的評估。

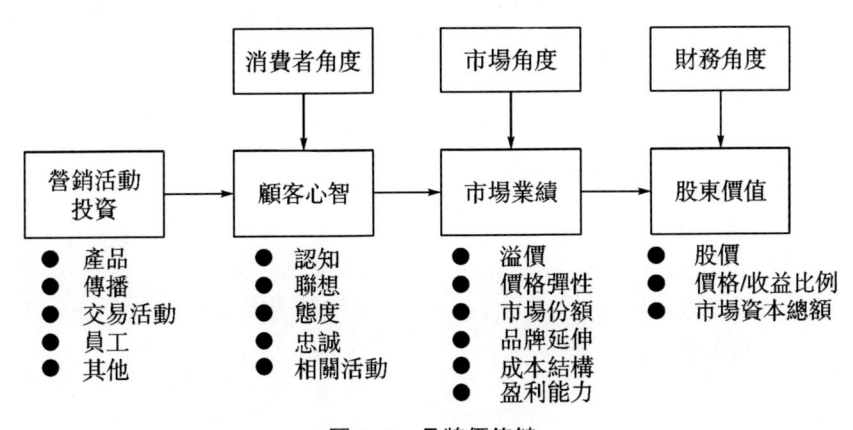

圖 2-4　品牌價值鏈

資料來源：Keller K L. Strategic Brand Management [M]. Beijing: Prentice hall and Renmin university of China Press, 1998.

---

① 範秀成. 品牌權益評估方法 [J]. 南開管理評論, 2000（1）: 9-15.

② Keller K L. Strategic Brand Management [M]. Bei Jing: Prentice hall and Renmin University of China Press, 1998.

2.2.2 品牌資產的測量研究

基於研究目的的不同，國內外學者從財務角度、市場角度、顧客角度或綜合角度對品牌資產做了大量的研究，產生了豐富的成果。其中，品牌資產的測量是品牌資產理論的核心內容，主要包括品牌資產的測量模型和構成維度的相關內容。

1. 品牌資產的測量模型

本書主要從顧客角度出發，著重介紹國外學者 Aaker 的品牌資產結構模型、Keller 的 CBBE 模型、Yoo 的品牌資產概念模型、Netemeyer 的品牌資產模型、Chaudhuri 和 Holbrook 的模型、國內學者張峰的品牌資產模型等。

（1）Aaker 的品牌資產結構模型

Aaker（1990）在 *Manage Brand Equity* 一書中提出品牌資產是與品牌相關的，能為公司或顧客帶來增加產品價值的資產或減少產品價值的負債。從圖 2-5 Aaker 的品牌資產結構模型[1]中可以得出幾點：

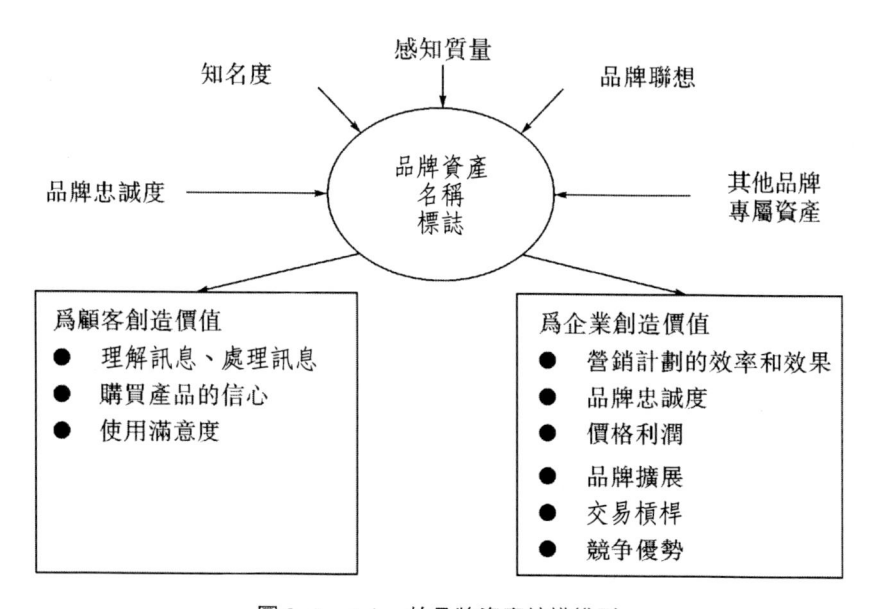

圖 2-5　Aaker 的品牌資產結構模型

資料來源：Aaker D A. Manager Brand Equity [M]. New York：Free Press, 1990.

---

[1] Aaker D A. Manager Brand Equity [M]. New York：Free Press, 1990.

①品牌資產的載體。品牌資產的載體是標示或名稱，品牌資產與品牌的標誌或名稱息息相關，如果一個企業的品牌名稱或品牌標誌發生了變化，那麼這個企業的品牌資產也會受到影響，甚至消失。

②品牌資產的內容。對於品牌資產的構成內容，雖然因環境而異，但是其內容在大體上是一致的。基於顧客的品牌資產可以分為品牌知名度、感知質量、品牌聯想、品牌忠誠度和其他品牌專屬資產。

品牌知名度涉及產品類別與品牌的聯繫，指的是「潛在消費者認識到或記得起該品牌是某類產品的能力」，體現了品牌在消費者心目中的強度。在品牌知名度金字塔中，最低層次的是品牌識別，其次是品牌回想，最高層次是銘記在心。品牌知名度使品牌能進入消費者的考慮範圍內，向消費者提供了一種熟悉感和一個承諾信號。消費者在購買產品時，通常會選擇那些熟悉且具有較高知名度的品牌，因此品牌知名度可被視為簡化的產品或品牌資訊，是消費者做購買決策時的有力工具。品牌資產建設的任務之一就是要不斷提高品牌在消費者中的知名度，具體方法是提高品牌名稱的身分並將其與產品類別緊密相連。

感知質量是「消費者根據特定的目的、與備選方案相比，對產品或服務的全面質量或優越程度的感知狀況」，它是消費者對品牌無形的、全面的感知程度，影響因素包括產品質量和服務質量。產品質量通常建立在與品牌相聯繫的產品特徵等因素之上，如可靠性、性能、特色、與說明書一致、耐用性、適用性、適宜與完美等；服務質量受到無形性、可靠性、能力、響應速度和移情的影響。感知質量與品牌態度不同，消費者可能會因為低質量的產品非常便宜而產生積極的態度，也可能因為高質量的產品價格昂貴而產生消極態度。感知質量的作用主要表現在消費者、企業、渠道和品牌四個方面。對於消費者而言，感知質量是促使消費者購買產品的關鍵理由；對於企業，較高的感知質量可以使產品實現差異化，為企業增加利潤，提高溢價；對於渠道，高感知質量的品牌更受到消費者的喜愛，有助於分銷商和零售商等渠道成員加快貨物的流動；對於品牌，高感知質量有助於品牌延伸。

品牌聯想是消費者做出購買決策、形成品牌忠誠度的基礎，指的是在消費者心智中所有與品牌相關的聯想，而品牌形象是按照一定目的組織在一起的一系列關於品牌的聯想。根據品牌理論，品牌形象源於品牌定位，而品牌定位是企業通過營銷活動在消費者心目中形成的，與品牌相關的聯

想，具有可操作性。品牌聯想可以通過以下方式為消費者和企業創造價值：有助於處理和獲取信息、能夠區分不同的品牌、為消費者提供購買的理由、產生積極的態度和感覺、奠定品牌延伸的基礎等。

品牌忠誠度是品牌資產的核心和基礎之一，指的是「消費者持續購買本品牌產品的意願程度」。品牌忠誠度能夠反應消費者品牌轉移的可能性，特別是當產品性能或品牌價格等發生變化時，消費者轉向購買其他品牌產品的可能性。消費者對於品牌忠誠度越高，則對競爭者的抵禦能力就會越強，具體來說可分為五個層次。忠誠度金字塔最底層的是價格敏感者或搖擺不定者，第二層是品牌的習慣性購買者，第三層是具有一定轉換成本的忠實購買者，第四層是品牌的朋友，最高層次是品牌的忠實消費者。

品牌忠誠度不同於品牌資產的其他方面。首先，品牌忠誠度與使用經驗密切相關，如果沒有先前的購買或使用經驗，就不會產生品牌忠誠。但是，對於沒有購買或使用過的品牌，消費者也可能會產生品牌聯想、品牌知名度，以及感知質量；其次，品牌忠誠在一定程度上受到品牌資產其他方面如品牌知名度、品牌聯想及感知質量等的影響，但又不總是能由這三種因素解釋。例如，在某些情況下，感知質量很低卻很鐘情於某個品牌（例如麥當勞）；或者感知質量很高卻不喜歡某個品牌（例如日本汽車）。

其他品牌資產指的是附著在品牌上的某些特殊技術，如商標、專利、渠道關係等，這些資產很容易被忽略，但卻能夠有效地組織競爭者搶奪企業的核心消費者。它們需要更多的法律保護，從而為品牌在世界範圍內的唯一性提供了法律保障。

③品牌資產的價值。對於品牌資產的價值可以從兩方面瞭解：一是為顧客帶來價值，對於購買產品的顧客，品牌資產可以幫助其知曉、理解、處理和存儲大量的產品信息和品牌信息、加強顧客再次購買產品和品牌的信心以及提高顧客使用產品或品牌的滿意度；二是為企業帶來價值，對銷售產品的企業，品牌資產可以為其提高營銷計劃的效果、影響顧客對產品的忠誠度、獲得較高的邊際效益、拓展自身的發展領域、影響分銷渠道以及提高企業的競爭優勢。

之後，Aaker（1996）[①] 又對品牌資產進行了深入研究，在原有基礎上更進一步，提出了品牌資產十要素模型，具體內容見圖2-6。

---

① Aaker D A. Measuring Brand Equity across Products and Markets [J]. California Management Review, 1996, 28（3）：102-120.

品牌忠誠
- 價差效應
- 滿意度/忠誠度

感知質量/領導能力
- 感知質量
- 領導能力

品牌聯想/差異化
- 感知價值
- 品牌個性
- 組織聯想

品牌知名
- 品牌知名

市場狀況
- 市場份額
- 價格和分銷區域

圖 2-6　品牌資產十要素

資料來源：Aaker D A. Measuring Brand Equity across Products and Markets [J]. California Management Review, 1996, 28 (3)：102-120.

從品牌十要素的構成可以看出：品牌資產的內容更加豐富，綜合了品牌資產在顧客心智的評價和市場上的績效表現情況。其中基於顧客心智的要素包括品牌價差效應與顧客忠誠度、感知質量與領導能力、感知價值、品牌個性與組織聯想、品牌知名度、市場份額和分銷區域；基於市場的要素是從市場反應的信息情況，包括市場份額和價格與分銷區域兩個市場行為；其構成內容還是以顧客為主，加入了市場上表現，為品牌資產的測量提供了更全面的視角。

（2）Keller 的基於顧客的品牌資產模型

Keller（1993）在《市場營銷》雜誌上發表了《基於消費者角度的品牌資產的概念化、測量和管理》一文。文章指出品牌資產是由於消費者頭腦中存在的品牌知識引起的消費者對品牌營銷活動的差異化反應，具體構成見圖 2-7[①]。Keller 提出企業建立品牌資產的關鍵是形成消費者頭腦中的

---

① Keller K L. Conceptualizing, measuring, and managing customer-based brand equity [J]. Journal of Marketing, 1993, 57 (1)：1-22.

品牌知識，它包括品牌認知和品牌形象兩方面內容。

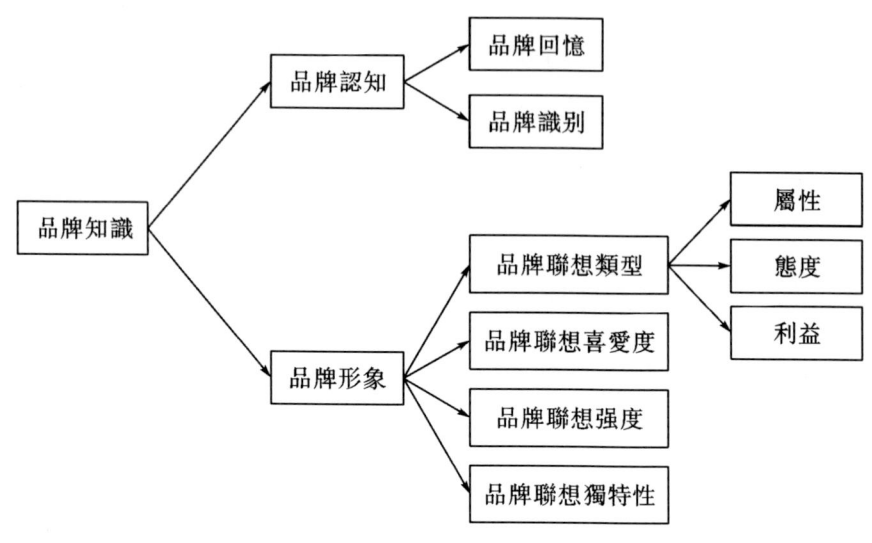

圖 2-7　Keller 的基於顧客的品牌資產模型

資料來源：Keller K L. Conceptualizing, measuring, and managing customer-based brand equity [J]. Journal of Marketing, 1993, 57 (1): 1-22.

之後，Keller（2001）[①] 構建了品牌資產金字塔模型，提出品牌資產構建的步驟：品牌識別──品牌含義──消費者反應──品牌聯繫（如圖 2-8 所示）。

品牌認知是指消費者對品牌回憶和品牌識別的反應。品牌回憶是消費者面對某一特定產品類別時，能夠想起某一品牌的能力。品牌識別是列出某一品牌的要素和特徵時，消費者能夠認定該品牌曾經出現過的能力。品牌形象是消費者記憶中，與某一品牌相關的聯想，是消費者對該品牌的認知。品牌形象包括四方面內容：品牌聯想類型（包括利益、態度和屬性）、品牌聯想喜愛度（喜厭程度及評價水平），品牌聯想強度（聯想難易）和聯想獨特性（競爭優勢的獨特性）。Keller 的模型提出品牌資產是基於消費者因掌握了品牌知識後對營銷行為的不同的反應，它的來源是消費者對品牌的認知和認同。

---

① Keller K L. Building Customer-based Brand Equity [J]. Marketing Management, 2001, 10 (2): 15-19.

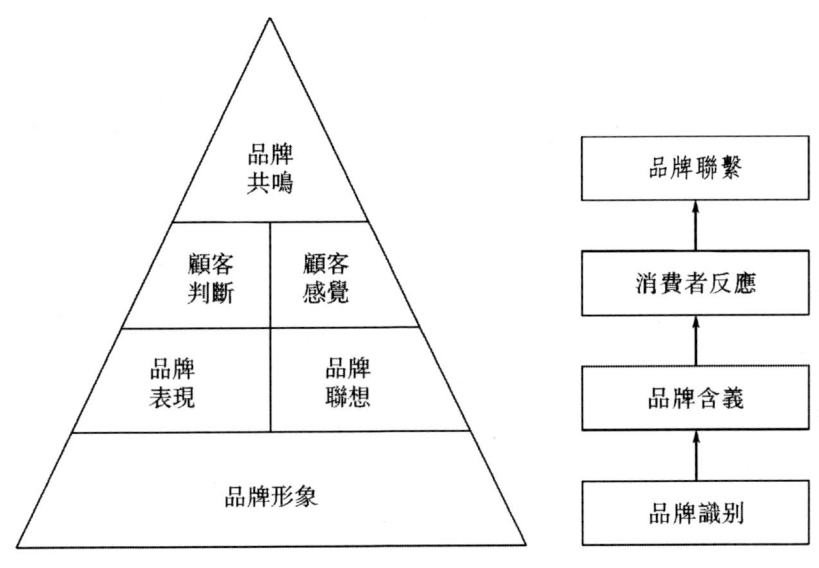

圖 2-8　金字塔模型

資料來源：Keller K L. Building Customer-based Brand Equity [J]. Marketing Management, 2001, 10 (2)：15-19.

這個模型比前面的品牌資產模型有很大進步，體現了品牌資產構建的邏輯性，但是所選取的品牌資產四個維度——品牌識別、品牌含義、消費者反應和品牌聯繫，沒有 Aaker 的品牌資產十要素模型的嚴謹性。

綜上，Aaker 和 Keller 提出的關於品牌資產的模型，涉及要素全面，不但考慮了消費者層面的，還涉及企業在市場上的表現行為，但是兩個模型都是概念模型，缺乏理論基礎和實證性檢驗，其要素的選取也存在主觀性和隨機性，所以接下來的研究將對其構成要素進行實證性檢驗。

（3）Yoo 的品牌資產模型

Yoo（2000）在 Aaker 和 Keller 的基礎上，在《營銷科學》雜誌上發表的關於營銷組合因素和品牌資產的研究中提出了品牌資產的概念模型，具體內容見圖 2-9[①]。Yoo 提出品牌資產的來源是企業的營銷努力，營銷努力會對品牌資產的驅動因素產生影響，進而給企業和顧客帶來價值。

---

① Yoo B, Donthu N, Lee S. An Examination of Selected Marketing Mix Elements and Brand Equity [J]. Journal of the Academy of Marketing Science, 2000, 28 (2)：195-211.

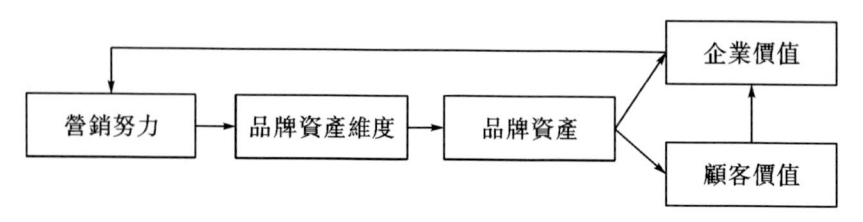

圖 2-9　Yoo 的品牌資產概念模型

資料來源：Yoo B, Donthu N, Lee S. An Examination of Selected Marketing Mix Elements and Brand Equity [J]. Journal of the Academy of Marketing Science, 2000, 28 (2)：195-211.

Yoo 將品牌資產分為品牌知名/品牌聯想、感知質量和品牌忠誠三個維度並開發了相應的量表，具體內容見圖 2-10。後面很多學者證實和沿用了他的概念模型①、構成維度②和開發的量表。

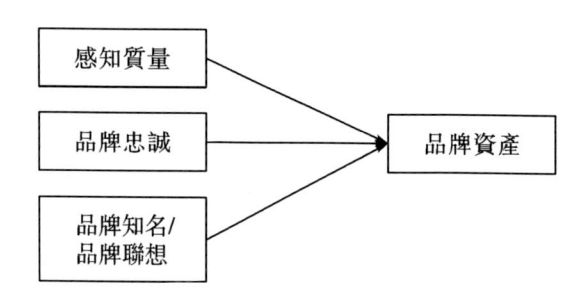

圖 2-10　Yoo 的品牌資產的構成維度

資料來源：Yoo B, Donthu N, Lee S. An Examination of Selected Marketing Mix Elements and Brand Equity [J]. Journal of the Academy of Marketing Science, 2000, 28 (2)：195-211.

（4）Netemeyer 的品牌資產模型

Netemeyer 等[3]（2004）綜合比較了 Aaker 和 Keller 的研究（如圖 2-11 所示），該研究將品牌資產的維度劃分為：品牌獨特性、感知質量/感知價值和支付溢價意願。研究得出感知質量和感知價值可以合成為一個變量，並且與獨特性構成了品牌資產模型的核心前置維度，感知質量和品牌獨特

---

① 江明華，董偉民. 價格促銷的折扣量影響品牌資產的實證研究 [J]. 北京大學學報（哲學社會科學版），2003, 40 (5)：48-56.

② Washburn J H, Plank R E. Measuring Brand Equity: an Evaluation of a Consumer-Based Equity Scale. Journal of Marketing Theory and Practice, 2002 (4)：46-61.

③ Netemeyer R G, Krishnan B, Pullig C. Developing and Validating Measures of Facets of Customer-based Brand Equity [J]. Journal of Business Research, 2004, 57 (2)：209-224.

性會直接影響消費者的溢價支付意願，而支付溢價意願又會直接影響消費者的品牌購買行為。

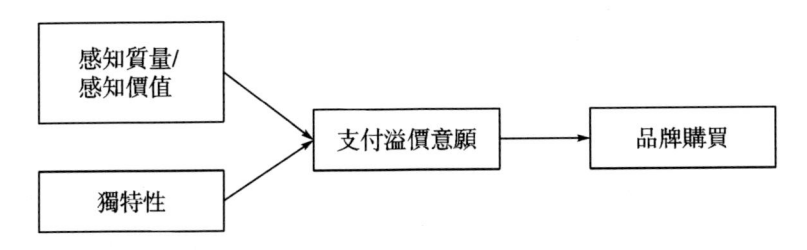

圖 2-11　品牌資產維度和品牌購買關係模型

資料來源：Netemeyer R G, Krishnan B, Pullig C. Developing and Validating Measures of Facets of Customer-based Brand Equity [J]. Journal of Business Research, 2004, 57 (2)：209-224.

（5）Chaudhuri 和 Holbrook 的模型

Chaudhuri 和 Holbrook（2001）首次明確提出並建立基於消費者心理的品牌資產（如品牌信任、品牌情感、行為忠誠、態度忠誠）與基於市場產出層面的品牌資產（如佔有率、相對價格）之間的關係，並驗證了前者可以解釋後者的變化（如圖2-12所示）。

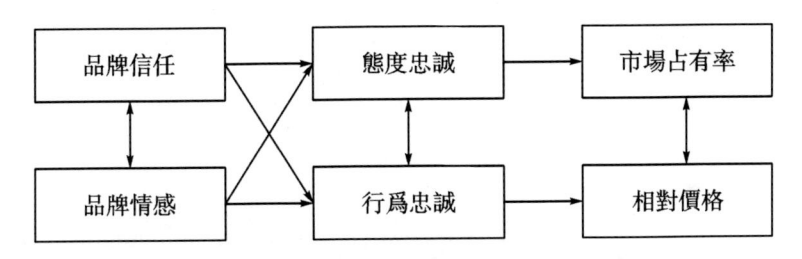

圖 2-12　品牌忠誠與品牌市場產出的模型

資料來源：Chaudhuri A, Holbrook M B. The chain of effects from brand trust and brand effect to brand performance：the role of brand performance [J]. Journal of Marketing, 2001, 65 (2)：81-93.

（6）張峰的品牌資產模型

張峰（2011）從態度的認知成分、情感成分和行為意向出發，與品牌資產認知視角變量（品牌知名、品牌聯想、感知質量、品牌情感和品牌忠誠）的內涵一一對應。具體對應如圖2-13。

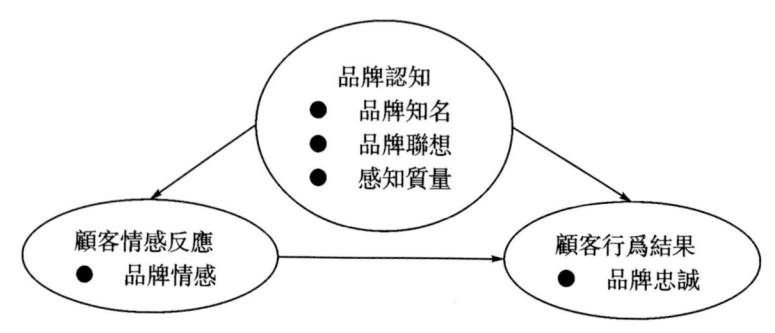

圖 2-13　品牌資產構成模型

資料來源：張峰. 基於顧客的品牌資產構成研究述評與模型重構 [J]. 管理學報，2011，8 (4)：552-576.

綜合國內外學者對於品牌資產測量模型的研究，從研究方法和研究角度來說，本書總結如下：

第一，品牌資產評估模型的研究方法由 Keller 和 Aaker 提出，具有一定的主觀性，其要素的選取也存在主觀性和隨機性。其後，Yoo 的實證研究檢驗了要素的構成，開始了品牌資產構成維度的實證研究。

第二，品牌資產的研究角度，從最開始的基於顧客角度到市場產出角度，再到基於顧客和市場的綜合角度，Netemeyer（2001）、Chaudhuri 和 Holbrook（2001）開始基於顧客角度對品牌資產和市場產出的關係進行實證研究。

2. 品牌資產的構成維度

品牌資產是一個多維度概念，自從 Aaker 和 Keller 提出品牌資產模型以後，眾多國內外學者對於品牌資產的構成維度進行了實證研究。本書對顧客心智的品牌資產構成維度進行匯總，包括 Aaker（1996）[1]、Keller（1993）[2]、Keller（2001）[3]、Berry（2000）[4]、Yoo 等（2000）[5]、Netemeyer

---

[1] Aaker D A. Measuring Brand Equity across Products and Markets [J]. California Management Review, 1996, 28 (3)：102-120.

[2] Keller K L. Conceptualizing, Measuring, and Managing Customer-based Brand Equity [J]. Journal of Marketing, 1993, 57 (1)：1-22.

[3] Keller K L. Building Customer-based Brand Equity [J]. Marketing Management, 2001, 10 (2)：15-19.

[4] Berry L L. Cultivating Service Brand Equity [J]. Journal of the Academy of Marketing Science, 2000, 28 (1)：128-137.

[5] Yoo B, Donthu N, Lee S. An Examination of Selected Marketing Mix Elements and Brand Equity [J]. Journal of the Academy of Marketing Science, 2000, 28 (2)：195-211.

等（2004）[1]、Chaudhuri 等（2001）[2]、Washburn 等（2002）[3]、YE 等（2004）[4]、範秀成（2000）[5]、符國群（2002）[6]、江明華等（2003）[7]、於春玲等（2007）[8]、張峰（2011）[9]，具體構成維度見表2-4。

表2-4　　　　　　　　基於顧客的品牌資產構成維度

	品牌知名	品牌聯想	感知質量	品牌忠誠	品牌情感	品牌態度	品牌關係	品牌溢價	購買意向	其他
Aaker（1996）	√	√	√	√				√	√	√
Keller（1993）	√	√								
Keller（2001）	√	√				√				
Berry（2000）	√	√								
Yoo 等（2000）	√	√	√	√						
Netemeyer 等（2001）	√	√	√					√	√	
Chaudhuri 等（2001）					√			√		√
Washburn 等（2002）	√	√	√		√			√		√
YE 等（2004）	√				√					
範秀成（2000）	√	√		√	√					
符國群（1999）		√					√	√		√
江明華等（2003）				√				√		
於春玲等（2007）	√	√	√	√						
張峰（2011）	√	√	√	√						

---

① Netemeyer R G, Krishnan B, Pullig C. Developing and Validating Measures of Facets of Customer-based Brand Equity [J]. Journal of Business Research, 2004, 57 (2): 209-224.

② Chaudhuri A, Holbrook M B. The chain of effects from brand trust and brand effect to brand performance: the role of brand performance [J]. Journal of Marketing, 2001, 65 (2): 81-93.

③ Washburn J H, Plank R E. Measuring Brand. Equity: an Evaluation of a Consumer-Based Equity Scale [J]. Journal of Marketing Theory and Practice, 2002 (4): 46-61.

④ Ye G W, Raaij W F V. Brand equity: extending brand awareness and liking with Signal Detection Theory [J]. Journal of Marketing Communications, 2004 (10): 95-114.

⑤ 範秀成. 品牌權益及其測評體系分析 [J]. 南開管理評論, 2000 (1): 9-15.

⑥ 符國群. 關於商標資產研究的思考 [J]. 武漢大學學報（哲學社會科學版）, 1999 (1): 70-73.

⑦ 江明華, 董偉民. 價格促銷的折扣量影響品牌資產的實證研究 [J]. 北京大學學報（哲學社會科學版）, 2003, 40 (5): 48-56.

⑧ 於春玲, 王海忠, 趙平. 基於顧客的品牌資產模型實證分析及營銷借鑑 [J]. 營銷科學學報, 2007 (2): 31-42.

⑨ 張峰. 基於顧客的品牌資產構成研究述評與模型重構 [J]. 管理學報, 2011, 8 (4): 552-576.

從上表基於顧客的品牌資產的構成維度中可以發現兩點：

第一，關於品牌資產構成維度的研究視角，已有研究按照理論基礎和研究視角的不同，可以將其分為認知論視角和關係論視角兩類視角。認知論視角的學者們認為品牌資產來源於顧客的認知差異，如 Aaker（1996）提出品牌資產包括品牌知名度、品牌聯想、感知質量以及品牌忠誠等構成維度，Keller（1993，2001）提出品牌資產包括品牌知名度和品牌形象等構成維度；而關係論視角的學者們認為品牌資產來源於顧客與品牌間的關係差異，如 Kim（2008）運用關係營銷的觀點，提出品牌資產包括信任、顧客滿意、關係承諾、顧客忠誠和品牌知名等構成維度。企業市場營銷行為最直接的作用開始於顧客認知心理上的變化，也就是顧客—品牌關係的最終形成是建立在顧客對該品牌形成認知、情感反應和行為意向的基礎上。所以，理解顧客對品牌的認知心理過程是分析品牌資產形成機理的基礎，是指導企業的營銷實踐的依據，因此本書從認知視角出發理解品牌資產。

第二，關於品牌資產構成維度的匯總，已有研究有品牌知名、品牌聯想、感知質量、品牌忠誠、品牌情感、品牌關係、品牌形象、品牌回憶、品牌溢價、購買意向等，其中主要反應的是顧客對於品牌的態度。基於態度理論，品牌資產可以分為認知、情感和行為意向三個維度，其中認知成分包括品牌知名、品牌聯想、感知質量等維度，情感成分包括品牌情感，行為意向包括品牌忠誠、品牌溢價和購買意向等維度。本書結合研究情景特點，將品牌資產分為感知質量、品牌情感、品牌忠誠和溢價支付意願四個維度。

2.2.3 品牌資產的形成

從品牌資產的定義以及模型可以看出，品牌資產是以品牌名字為核心的聯想網路，也即消費者心中品牌的意義。那麼品牌的意義從何而來呢？品牌的意義首先來自品牌名字的字義，並在品牌名字詞義的基礎上，通過營銷活動和產品購買、使用這兩種途徑學習累積而成。

1. 品牌命名是品牌資產形成的前提

品牌資產是以品牌名字為核心的聯想網路，因此一種產品在沒有名字之前，就沒有什麼品牌資產可言。另外，給一個品牌起什麼樣的名字還會影響品牌知識的發展。所以說，品牌命名是品牌資產形成的前提。

2. 營銷和傳播活動是品牌資產形成的保障

給產品起一個合適的名字對品牌資產建設固然重要，但是，沒有相應

的營銷傳播活動，品牌同樣建立不起來，品牌資產也無法形成。在各種營銷活動中，廣告是最為重要的活動之一，它與促銷活動占據企業營銷預算的絕大部分。利用廣告來加強消費者的品牌意識，提高品牌知名度，這是廣告主投資廣告的目的之一。除了廣告之外，其他營銷活動如產品展示也有助於提高品牌知名度。

3. 消費者產品經驗是品牌資產形成關鍵

消費者的產品經驗對品牌資產形成的重要性體現在以下兩個方面：第一，產品經驗會強化或修正基於營銷傳播建立起來的聯想；第二，產品經驗導致一些聯想的形成。

2.2.4　品牌資產的影響因素

品牌資產是由企業的營銷活動創造出來的，因此企業的營銷策略對品牌資產的影響受到了企業界的高度重視，也引起了學術研究興趣。本書對品牌資產的影響因素進行了匯總，包括 Aaker（1990）[1]、Simon 和 Sullivan（1993）[2]、Bonlding 等（1993）[3]、Keller（1993）[4]、Cobb－Walgren 等（1995）[5]、Yoo 等（2000）[6]、Berry（2000）[7]、Ailawadi 等（2003）[8]、Lehmann 等（2003）[9]、Villarejo-Ramos 和 Sanchez-Franco（2005）[10]、

---

[1]　Aaker D A. Manager Brand Equity [M]. New York：Free Press, 1990.

[2]　Simon C J, Sullivan M W. The Measurement and Determinants of Brand equity：A Financial Approach [J]. Marketing Science, 1993, 12（1）：1-13.

[3]　Boulding W, Kirmani A. A Consumer-Side Experimental Examination of Signaling Theory：Do consumers Perceive Warranties as Signals of Quality [J]. Journal of Consumer Research, 1993（20）：111-123.

[4]　Keller K L. Conceptualizing, Measuring, and Managing Customer-based Brand Equity [J]. Journal of Marketing, 1993, 57（1）：1-22.

[5]　Cobb-Walgren C J, Cynthia A R, Donthu N. Brand Equity, brand preference, and purchase intent [J]. Journal of Advertising, 1995, XXIV（3）：252-401.

[6]　Yoo B, Donthu N, Lee S. An Examination of Selected Marketing Mix Elements and Brand Equity [J]. Journal of the Academy of Marketing Science, 2000, 28（2）：195-211.

[7]　Berry L L. Cultivating service Brand equity [J]. Journal of the Academy of Marketing Science, 2000, 28（1）：13

[8]　Ailawadi K L, Donald R L, Scott A N. Revenue Premium as an Outcome Measure of Brand Equity [J]. Journal of Marketing, 2003（67）：1-17.

[9]　Lemmink J, Jan M. Employee Behavior, Feelings of Warmth and Customer Perception in Customer perception Service Encounters [J]. International Journal of Retail and Distribution Management, 2002, 30（1）：18-33.

[10]　Villarejo-Ramos A F, Sanchez-Franco M J. The impact of marketing communication and price promotion on brand equity [J]. Brand management, 12（6）：431-444.

Gil 等（2007）[①]、江明華和董偉民（2003）[②]、龐隽等（2007）[③]、楊德鋒和王新新（2008）[④]、王海忠（2008）[⑤]、李豔娥（2009）[⑥]、方正等（2011）[⑦]、薛永基等（2012）[⑧] 的相關研究，具體內容見表 2-5。

綜上，從國內外學者對影響品牌資產因素的研究，可以得出以下幾點：

（1）研究方法。早期的研究，如 Aaker（1990）、Simon 和 Sullivan（1993）、Bonlding 等（1993）、Keller（1993）和 Ailawadi 等（2003）的研究，提出了企業的營銷活動會對品牌產生影響。但是，這些研究沒有闡明營銷活動如何影響品牌資產，直到 Yoo 等（2000）學者才開始進行實證研究，研究營銷活動和品牌資產各個維度的關係。

（2）研究變量。品牌資產的影響因素主要有兩部分，一是企業的營銷活動，二是顧客的心理，如心理風險、感知風險和負面情緒等。這兩部分因素又有一定的關聯，即企業的營銷活動會對顧客的心理帶來影響。

（3）研究機制。早期的研究中 Aaker（1990）、Simon 和 Sullivan（1993）、Bonlding 等（1993）、Keller（1993）和 Ailawadi 等（2003），主要的研究思路是企業的營銷活動會給品牌資產帶來影響。中期的研究 Yoo 等（2000）、Berry（2000）、Gil 等（2007），主要的研究思路是企業的營銷活動是如何影響品牌資產各個維度的。後期的研究方正等（2011）、薛永基等（2012）的研究，主要研究企業的營銷活動如何通過影響顧客的心理來影響品牌資產。

[①] Gil R B, Andres E F, Salinas E M. Family as a source of consumer-based brand equity. Journal of Product&Brand Management, 2007, 16（3）：188-199.

[②] 江明華，董偉民. 價格促銷的折扣量影響品牌資產的實證研究［J］. 北京大學學報（哲學社會科學版），2003, 40（5）：48-56.

[③] 龐隽, 郭賢達, 彭泗清. 廣告策略對消費者——品牌關係的影響：一項基於消費者品牌喜愛度的研究［J］. 營銷科學學報. 2007, 3（3）：59-73.

[④] 楊德鋒, 王新新. 價格促銷對品牌資產的影響——競爭反應的調節作用［J］. 南開管理評論，2011, 11（3）：20-30.

[⑤] 王海忠. 不同品牌資產測量模式的關聯性［J］. 中山大學學報（社會科學版），2008, 48（1）：162-208.

[⑥] 李豔娥. 顧客體驗對轎車品牌資產的影響研究［D］. 廣州：暨南大學，2009.

[⑦] 方正，楊洋，江明華，李蔚，李珊. 可辯解傷害危機應對策略對品牌資產的影響研究——調節變量和仲介變量的作用［J］. 南開管理評論，2011, 14（4）：69-79.

[⑧] 薛永基，楊志堅，李健. 慈善捐贈行為對企業品牌資產的影響企業聲譽與風險感知的仲介效應［J］. 北京理工大學學報（社會科學版），2012, 14（4）：58-66.

表 2-5　品牌資產的影響因素

研究學者	前置因素	仲介因素	後置因素
Aaker（1990）	公共關係、廣告語、品牌標示和包裝等		品牌資產
Simon 和 Sullivan（1993）	廣告支出、銷售團隊、市場調查費用、產品組合、品牌年齡、市場進入時機等		品牌資產
Bonlding 等（1993）	服務保證		品牌資產
Keller（1993）	企業形象、促銷活動、原產國和品牌名稱等		品牌資產
Cobb-Walgren 等（1995）	產品投入		品牌資產
Yoo 等（2000）	廣告投入、零售店的形象、分銷渠道的密度、產品價格等		感知質量、品牌聯想和品牌忠誠
Berry（2000）	品牌傳播和品牌體驗		品牌含義和品牌知名
Ailawadi 等（2003）	企業品牌營銷組合（價格）、企業優勢（企業形象、產品線長度、研發能力等）、產品類別（消費者感知風險）和競爭者品牌營銷組合（價格）		品牌資產
Lehmann 等（2003）	營銷組合、公司形象、產品線、研發及其他能力、市場規模、廣告、家庭、感知風險		品牌知名、感知質量、品牌知名、品牌忠誠
Gil 等（2007）	廣告、家庭、價格和促銷		感知質量、品牌聯想和品牌聯想
Villarejo-Ramos 和 Sanchez-Franco（2005）	營銷溝通和價格促銷		感知質量、購買意向和品牌忠誠
江明華和董偉民（2003）	價格促銷		感知質量、品牌親密、品牌激情和品牌承諾
龐雋等（2007）	廣告策略		品牌態度、品牌信任、感知質量和購買意願
方正等（2011）	可辯解傷害危機應對策略、企業聲譽	心理風險	品牌忠誠、感知質量和品牌形象
薛永基等（2012）	慈善捐贈行為、企業聲譽	感知風險	

2.3 感知風險研究概述

　　風險對於理解消費者的購買決策過程非常重要,是消費者理論的核心概念。感知風險(Perceived Risk)這一概念最早廣泛應用於心理學,1960年,Bauer把感知風險從心理學引入到消費者行為的研究領域中,此後在消費者行為和市場營銷領域獲得了快速的發展。感知風險可以用來解釋信息搜索、品牌忠誠、意見領袖、參照群體和購買前的慎重考慮等現象[1],大量的研究也驗證了感知風險對消費者購買決策的影響[2]。

　　經過多年的研究,國內外學者在感知風險的概念、感知風險的構成維度、感知風險的影響因素和感知風險對消費者行為的影響等方面進行了深入的研究,取得了很多研究成果。

2.3.1 感知風險的概念

　　1960年,在美國營銷協會年會上,Bauer對感知風險的闡述:「消費者對其消費行為的結果無法預知是否正確,並且某些結果可能是令人不快的」,此外,Bauer還強調感知風險是個人的主觀評價,可能與現實客觀情況不相符。繼Bauer之後,很多學者對感知風險進行了大量相關研究,並對感知風險的定義不斷進行完善和補充。在對消費者行為研究的文獻中,感知風險有許多定義方式。

　　1964年,Cox和Stuart(1964)[3]認為感知風險是在一特定的購買決策中消費者感知的風險的性質和程度;Cox(1967)又將感知風險具體化,感知風險發生在兩種情況下,一是發生在購買決策前,消費者在每次購物的過程有都會有自己的預期目標,當他從主觀感知上不能確定哪個消費最能夠達到自己的預期目標時,也就是不會在多種購買決策中進行選擇時,就產生了感知風險;二是發生在購買決策後,當消費者的購買結果不能滿

---

[1] Tan S J. Strategies of Reducing Consumes Risk Aversion in Internet Shopping [J]. Journal of Consumer Marketing, 1999, 16 (2): 163–180.

[2] Taylor J W. The Role of Risk in Consumer Behavior [J]. Journal of marketing, 1974, 38 (2): 54–60.

[3] Cox R E, Stuart U R. Perceived Risk and Consumer Decision Making—the Case of Telephone Shopping [J]. Journal of Marketing Research, 1964: 32–35.

足其預期需要時，就會產生感知風險。

1967 年，Cunningham[①] 在 Cox 的基礎上將感知風險分為不確定性和後果兩個因素，這一概念得到了學者們的廣泛認同。其中，不確定性是指消費者判斷購買決策導致某些情況在現實中出現的主觀可能性，後果是指某些情況發生後給消費者帶來的危險。

1983 年，Derbaix 提出感知風險是在產品購買過程中，消費者因無法預料其購買結果的優劣以及由此導致的後果而產生的一種不確定性感覺。

1993 年，Stone 和 Gronhaug 把感知風險簡單的定義為購買產品時，消費者主觀上的損失預期。

1994 年，Dowling 和 Staelin 認為感知風險是消費者在購買產品或服務時所感知到的不確定性和不利後果的可能性。

1998 年，Assac 定義感知風險為消費者對其行為過程中所認知負面結果的不確定性以及這些負面結果的可能性。

2003 年，Featherman 和 Pavlou 在其研究中定義感知風險為消費者在追求一個期望得到的結果時，可能產生的損失。

綜上，基於不同的研究目的，學者們對於感知風險有不同的界定，但是基本上都涉及以下幾點：

（1）感知風險的特點：主觀性。

感知風險[②]是消費者主觀確定的對損失的預期，Bauer（1960）特別強調感知風險是個人的主觀評價，可能與現實客觀情況不相符。

消費者在購買產品或接受服務過程中，可能會面臨不同的風險，有的風險可能被有些消費者感覺到，有的風險可能不會被消費者感知到；有的風險可能會被消費者放大，有的風險可能會被消費縮小；消費者只能針對自己主觀能夠感受到的風險進行反應和處理[③]。所以說，消費者的感知風險是消費者的主觀評價，有時跟現實情況並不一樣，甚至是大相徑庭。

（2）感知風險的測評：不確定性和後果。

感知風險的大小由兩方面決定。一是消費者決策失誤所帶來的嚴重後果，也就是感知風險的內容。例如，如果消費者打算買一部手機，他無法

---

① Cuunningham S M. The Major Dimensions of Perceived Risk [M]. Boston: Harvard University Press, 1967.

② Mitchell V W, Boustani P. Market Development Using new Products and New Customers: A role for Perceived Risk [J]. European Journal of Marketing, 1993, 27 (2): 17-32.

③ 劉美玲. 產品類別、感知風險對口碑信息源選擇影響的實證研究 [D]. 長沙：中南大學，2006；高海霞. 消費者的感知風險及減少風險行為研究 [D]. 杭州：浙江大學，2003.

確定手機的性能是怎樣的。二是消費者對其消費行為結果的不確定性，也意味著消費者無法預知嚴重後果產生的可能性大小。例如，如果手機過於簡單，會不會影響別人對我的看法。

綜上，本書對感知風險的界定是消費者在購買決策中，對產品（服務）不能滿足其消費預期的主觀可能性和錯誤決策所帶來的風險[①]。

2.3.2 感知風險的構成維度

國內外學者普遍認為感知風險是一個多維度概念，並且通過實證驗證了這一點。Bauer（1960）提出感知風險的概念時，並未明確提出感知風險的類型。Cox（1967）將感知風險分為財產風險和身體風險兩個方面；Franceson（1969）[②]還提出了社會心理風險；Cunningham（1967）提出感知風險包括社會風險、時間風險、物理風險、資金風險和產品性能風險等方面。從 Cunningham 開始，學者們對感知風險的維度研究豐富起來。

Roselius（1971）[③]提出感知風險包括時間損失、物理損失、自我損失和金錢損失。

Jacoby，Kaplan 和 Szybilo（1974）[④]提出消費者感知風險包含五個維度：財務風險、功能風險、身體風險、心理風險、社會風險。

Peter 和 Tarpey（1975）[⑤]在 Jacoby 和 Kaplan（1972）[⑥]基礎上加入了時間風險。

Stone 和 Gronhaug（1993）[⑦]將感知風險分為績效風險、財務風險、身體風險、心理風險、社會風險和時間風險，並將每個維度用三個要素來測量，驗證出六維度對於整體感知風險的解釋能力達到了 88%。

---

① Dowling G R, Staelin R. A model of Perceived risk and intended risk-handing activity [J]. Journal of Consumer Research, 1994, 24 (1): 119-134.

② Franceson M N. Perceived risk, Information Processing, and Consumer Behavior [J]. The Journal of Business, 1969, 42 (2): 162-166.

③ Roselius T. Consumer rankings of risk reduction methods [J]. Journal of marketing, 1971, 35 (1): 56-61.

④ Jacoby J, Kaplan L B, Szybilo G J. Components of Perceived risk in Product Purchase [J]. Journal of Applied Psychology, 1974, 59 (3): 287-295.

⑤ Peter J P, Tarpey L X. A comparative analysis of three consumer decision strategies [J]. Journal of Consumer Research, 1975, 1 (1): 29-38.

⑥ Jacoby J, Kaplan L B. The components of perceived risk [C]//Proceedings of 3rd Annual Conference. Chicago: Association for Comsumer Research, 1972: 382-393.

⑦ Stone R N, Gronhaug K. Perceived risk: Further considerations for the marketing discipline [J]. European Journal of Marketing, 1993, 27 (3): 39-50.

國內也有學者對於感知風險的構成維度進行研究，高海霞（2004）[①]通過對手機市場的調研，提出感知風險包括誤購風險、產品風險、社會心理風險、身體安全風險。

王超（2011）[②] 以超市自有品牌為對象，提出消費者感知風險包括財務風險、功能風險、心理風險、身體風險、時間風險。本書對國內外學者所提出感知風險的構成維度進行了匯總，具體見表2-6。

表 2-6　　　　　　　　　　感知風險構成維度

學者	年份	財務風險	社會風險	功能風險	心理風險	身體風險	便利風險	時間風險	績效風險	安全風險
Roselius	1971	√	√			√		√		
Jacoby 和 Kaplan	1972	√	√		√	√			√	
Kaplan，Szybillo 和 Jacoby	1974	√	√		√	√			√	
Peter 和 Tarpey	1975	√	√	√	√	√		√		
Locander 和 Hernann	1979		√						√	
Derbaix	1983	√								
Brooke	1984				√	√			√	√
Robertson，Zielinski 和 Ward	1984	√	√	√	√	√				
Dunn，Murphy 和 Skelly	1986	√	√				√			
Mitchell 和 Greatorex	1989	√		√	√					
Murray 和 Schlacter	1990	√		√	√				√	
Havlena 和 DeSarbo	1991	√				√		√		
Srinivasan 和 Ratchford	1991	√			√			√		
Stone 和 Gronhaug	1993	√	√		√			√		
Mitchell 和 Greatorex	1993 1994	√		√	√					
Jack 和 Steve	1996	√	√	√	√	√				

[①] 高海霞. 消費者購買決策的研究——基於感知風險［J］. 企業經濟，2004（1）：92-93.
[②] 王超. 感知風險維度對消費者自有品牌購買意願的影響研究［D］. 大連：東北財經大學，2011.

表2-6(續)

學者	年份	感知風險維度							
		財務風險	社會風險	功能風險	心理風險	身體風險	便利風險	時間風險	績效風險	安全風險
Mitra、Reiss 和 Capella	1999	√	√		√	√				
Bansal 和 Voyer	2000	√	√		√	√	√		√	
Featherman 和 Pavlou	2003	√	√	√	√			√		√
高海霞	2004		√	√	√					√
王超	2011	√		√	√	√		√		

註：√表示所採納的維度

資料來源：菌豐奇，劉益. 消費者感知風險研究：國外文獻綜述［J］. 營銷科學學報，2007，3（2）：121-139.

表 2-7　　　　　　感知風險各構面的代表性定義

研究者	定義
Roselius（1971）	①財物風險：當購買的產品不滿意或有問題時，消費者要損失金錢去修理或去花更多的錢來買滿意的產品。 ②社會風險：當購買到一個有缺陷的產品時，消費者會覺得難堪，或者其他人讓自己覺得難堪。 ③身體危險：有些產品會對消費者健康和安全有傷害。 ④時間風險：如果購買的產品不如意，消費者就要花費時間和精力再去選購、修理或退還。
Jacoby 和 Kaplan（1972）	①財務風險：產品價值不符合消費者所支付的成本。 ②績效風險：產品功能不如消費者的預期，或者產品性能比競爭者的產品差而引起的風險。 ③身體風險：產品設計不良時，消費者在使用時對身體所造成傷害的風險。 ④社會心理風險：產品可能無法與消費者自我形象配合或者因為所選購的產品不能達到預期的水準時，對心理或自我感知產生傷害的風險。 ⑤社會風險：消費者所購買的產品不被別人認同的風險。

表2-7(續)

研究者	定義
Peter 和 Tarpey (1975)	①財務風險：由於很差的質量、高維修成本或每月支付高額費用等造成消費者的財物損失。 ②功能風險：產品功能屬性不能達到消費者預期。 ③身體風險：產品設計不良時，消費者在使用時對身體所造成傷害的風險。 ④時間風險：消費者購買產品耗費時間的可能性損失。 ⑤心理風險：購買對消費者自我產生的心理上的評價，如產品不好可能對心理或自我感知產生傷害。 ⑥社會風險：其他朋友或熟人對購買產生不好的評價。
Stone 和 Gronhaug (1993)	①財務風險：產品價值不符合消費者所支付的成本。 ②功能風險：產品不能使用或功能不能達到消費者所預期的效果。 ③身體風險：產品設計不良時，消費者在使用時對身體所造成傷害的風險。 ④心理風險：產品可能無法與消費者自我形象配合或者因為所選購的產品不能達到預期的水準時，對心理或自我感知產生傷害的風險。 ⑤社會風險：消費者所購買的產品不被別人所認同的風險。 ⑥時間風險：在購買產品時，可能發生的時間及努力的不確定損失。

從表 2-6、表 2-7 可以發現以下幾點：

第一，感知風險的構成各不相同，但大致都可以被財務、功能、身體、心理、社會和時間所涵蓋。績效風險是產品的效能沒有達到消費者預期目標的風險。財務風險是產品有質量問題或定價過高等導致消費者經濟上蒙受損失。安全風險是產品對他人或者自己的健康或安全帶來的危害。社會風險是因購買決策失誤而受他人嘲笑和疏遠的風險。心理風險是因購買決策失誤而給消費者自我情感帶來的危害。時間風險是因購買產品而耗費消費者時間的風險。

第二，學者根據自身研究對象的特點，來選擇感知風險的構成維度，也就是不同的研究情景，感知風險的構成維度是有所不同的。各學者所提出的感知風險的構面在表述上雖然有細微差異，但是其基本類型都是相對應的。這些細微的差異主要與消費者所購買產品的種類、購買的方式和消費者的個體特徵密切相關。

2.3.3 感知風險與購買決策

顧客的購買過程一般可以分為五個階段：確認需要、收集信息、評價方案、購買決策和購買後行為，但有時並不是完全如此，尤其是參與程度較低的購買，顧客可能會跳過或者顛倒某些階段。

Mitchell 等（1994）[1] 的研究表明，在購買過程的各個階段，顧客感知風險的水平是不同的。在確認需要階段，由於沒有立即解決問題的手段或不存在可利用的產品，顧客感知風險不斷增加；開始收集信息後，風險開始減少；感知風險在方案評價階段繼續降低；在購買決策前，由於決策的不確定性，風險輕微上升；假設購買後顧客達到滿意狀態，則風險降低。

由於顧客在購買的整個過程中都冒著某種程度的風險，因此，每個顧客都在努力迴避或降低這種風險。從這個意義上講，顧客的購買行為就是一種減少風險的行為。其中，在五階段中，顧客購買決策的做出是對企業產品認同及接受最為直接的表現。而顧客改變、推遲或取消購買決策在很大程度上是受到感知風險的影響。

2.3.4 感知風險的影響因素

感知風險會對消費者的購買態度和購買行為產生顯著影響，具體說來，消費者感知風險會對感知價值產生負向影響。也就是消費者感知風險越高，則消費者感知價值、購買意願、滿意度越低，且消費者的再購行為、情感承諾和推薦意願也會越低[2]。消費者進行購買決策時，會傾向於感知風險最小化，或感知價值最大化。感知風險更多地起著決定性作用（Mitchell, 1999），當消費者的消費感知風險達到一定高度時，會產生焦慮，並尋找減少感知風險的方法（Taylor, 1974）。所以，為了更好地銷售產品，應該研究消費者感知風險的影響因素，發現哪些因素可以降低消費者的感知風險，並在此基礎上發現降低感知風險的突破口，構建降低感知風險策略。本書對感知風險的影響因素進行了匯總，具體見表2-8。

---

[1] Mitchell V M, Boustani P. A preliminary investigation into pre-and post-purchase risk perception and reduction [J]. European Journal of Marketing, 1994, 28 (1): 56-71.

[2] 劉建新, 陳雪陽. 顧客感知風險的形成機理與降消策略 [J]. 北京工商大學學報（社會科學）, 2008, 23 (5): 50-55.

表 2-8　　　　　　　　　　　感知風險的影響因素

研究學者	顧客角度	企業角度
Bauer（1960）	生產者的信譽、意見領袖和參考群體	
Cox（1967）	過往的經驗、收集情報、使用高品質產品、購買熟悉品牌、選擇購買最貴的產品、委託有能力的人代購	
Taylor（1974）	收集信息、降低個人期望水準、減少消費行為的次數或放棄消費行為	
Peter 和 Tarpey（1975）	搜尋信息、降低個人期望水準、減少購買數量	
Dowling 和 Staelin（1994）	從朋友處獲得信息、購買品牌、購買有保證產品、購買高價位的產品	退款保證和質量保證
Assael（1998）	搜索可信度高的信息、保持品牌忠誠、使用廣受歡迎的品牌；購買低價品、小量產品、爭取產品保證或降低期望水準	
Boulding 和 Kirmani（1993）	品牌商譽、產品免費使用、購買具有高品質形象的產品；針對某品牌重複購買	
Mitchell 和 McGoldrick（1996）	知名品牌	
Akkan 和 Korgaonkar（1998）	信任者認可、過去經驗和產品新舊程度	退款保證、製造商信譽、產品價格、分銷商美譽度和免費試用
高海霞（2004）	購買名牌、購買高價產品	

　　從上表中可以看出，感知風險的影響因素主要有顧客角度和企業角度兩個層面。

　　1. 顧客角度的感知風險影響因素

　　對於顧客角度的感知風險影響因素包括以下幾個方面：

　　（1）選擇可信的產品。

　　Bauer（1960）、Dowling 和 Staelin（1994）、Assael（1998）、Boulding 和 Kirmani（1993）、Mitchell 和 McGoldrick（1996）、Akkan 和 Korgaonkar（1998）、高海霞（2004）等學者研究發現，消費者在購買的過程中，為了減少感知風險，會通過選擇可信的產品，如購買高保證、高價位、具有高品質、形象好、知名品牌的產品，或者針對某品牌重複購買。因此，對於企業來說提高其產品的信任度對於降低顧客感知風險至關重要。

(2) 獲得有用的信息。

Bauer（1960）、Arndt（1967）、Taylor（1974）、Peter 和 Tarpey（1975）、Dowling 和 Staelin（1994）、Assael（1998）等學者提出，參考群體（意見領袖、朋友等）的信息會影響消費者的感知風險。當消費者對購買決策沒有把握時，會通過信息搜尋來降低感知風險。信息的全面性、有效性和準確性會直接影響顧客的風險感知，進而影響消費者最終的購買決策。如今，很多企業在產品推廣的過程，為了獲取短期利益最大化，用虛假或者誇大的信息進行大規模宣傳，這種行為不僅干擾了消費者感知風險的判斷，降低了消費者對企業的信任，最終會減少消費者對企業的購買行為。

(3) 降低風險損失。

Taylor（1974）、Peter 和 Tarpey（1975）、Assael（1998）等學者提出，消費者會通過減少消費行為甚至放棄消費行為、免費使用產品、降低個人期望水準、購買低價品、購買小量產品等方式降低購買風險，消費者減少購買行為會影響到企業的市場績效。

2. 企業角度的感知風險減少策略

從企業角度來研究感知風險的減少策略較少，Dowling 和 Staelin（1994）、Akkan 和 Korgaonkar（1998）等學者提出，企業採取退款保證、製造商信譽、產品價格、分銷商美譽度和免費試用等策略來降低消費者購買風險。Roselius（1971）認為顧客在面對風險性的消費行為時，可通過下列四種策略降低感知風險：降低風險發生的概率，即降低失敗的可能性，或者降低後果的嚴重性；將感知損失降到能忍受的範圍；延遲消費行為；進行消費行為並吸收損失。Roselius（1971）為了進一步瞭解顧客常用的減少風險的方法，提出了 11 種可能的方法，並針對 472 位家庭主婦，在不同的風險情境使用上述方法的可能性做了市場調查。他提出的 11 種方法分別是：

(1) 背書保證：購買廣告中有名人或專家推薦的品牌。

(2) 品牌忠誠：購買過去曾使用，並感覺滿意的品牌。

(3) 主要的品牌印象：購買主要的、有名的品牌，依賴該品牌的聲譽。

(4) 私人檢驗：購買經私人檢驗、機構檢驗並認可的品牌。

(5) 商店印象：在顧客認為可信賴的商店購買，依賴於該品牌的信譽。

(6) 免費樣品：在購買前先試用免費的樣品。

(7) 退錢保證：購買附有退錢保證的產品。

(8) 政府檢驗：購買政府部門曾檢驗並認可的產品。
(9) 選購：多到幾家商店，比較幾種不同品牌的特性。
(10) 昂貴的產品：購買最貴的產品。
(11) 口碑：探尋朋友對於產品的看法。

綜上可以看出，目前對於感知風險的影響因素主要從消費者的角度來進行研究，而從企業的角度進行的研究甚少，綜合兩者的研究更少。本書欲從參照群體的角度來研究影響消費者感知風險的因素，並在此基礎上從企業的角度來為降低感知風險提出相應的策略。

2.4 消費者遵從動機

遵從動機是一種以符合他人要求或團體規定為目標的動機。已有研究表明具有這種動機因素的兒童的學習和其他行為，在一定程度上是為了聽從父母和教師的吩咐或遵守班組等的規定。當兒童進行社會交往時，遵從需要的產生與作用，顯得十分突出，幼兒在家庭中為了得到父母或家人的愛撫、支持、保護與獎勵，就遵從成人的要求。這樣，不僅使他們獲得種種優待與需要的滿足，而且也學到並接受了社會上的各種行為規範。在童年期，兒童為了歡快地參加集體活動會接受與遵從必須共同遵守的遊戲或學習準則，聽從同伴們的意見。在青少年期，學生在同輩集體中表現出的遵從更為明顯。他們為了取得集體成員的資格或地位，大多數人在正式的或非正式的集體中願做一個追隨者，能服從集體的意志與決定，使自己的認知與行為跟集體保持一致。

具有強烈遵從動機的人喜歡結識他們所欽慕的集體或個人，樂於接受、遵從他們的建議和意見並學習其行為模式，對他們所樂於遵從的集體或個人的勸告、支持、批評、安慰和引導等都感到鼓舞和愉快。

消費者遵從動機特徵在參照群體作用品牌資產過程中具有調節作用。遵從動機是個體接受他人價值觀的意願，本書基於消費者的遵從動機不同來進行研究。已有研究也在這一方面進行了相關研究，Bearden 等（1989）研究得出消費者遵從程度與參照群體影響高度相關，消費者的遵從動機越高，受到的信息性作用和規範性作用越大。

2.5 產品信息屬性

Nelson（1974）根據商品質量的可獲知性將產品分為搜索型產品和體驗型產品。搜索型產品是消費者在購買前能夠評估其屬性的產品，如U盤、數碼相機、打印機等；而體驗型產品是消費者在購買產品前不能準確評估其屬性，只能在使用產品後才能獲得其屬性的產品，如小說、化妝品、DVD等。

Klein（1998）認為搜索屬性在性能判斷上存在高度的標準化。搜索屬性是客觀的、可判斷的且易於比較的。搜索屬性的信息通常是以直接、客觀的方式呈現的，消費者只需花費較少的時間和精力就能獲取信息並對其進行處理。

而根據 Nelson（1974）對經驗產品的定義，經驗屬性信息只有在消費者使用後才能獲知，因而對經驗屬性的判斷不僅和產品屬性有關還和消費者個人的特點、偏好有關，帶有濃重的個人色彩，缺乏統一的判斷標準。因此，經驗屬性是主觀的且具有不確定性特點，消費者很難對其評估。

Peng Huang 等（2001）研究了消費者在不同類型產品上搜索信息的廣度和深度的差異。研究顯示，對搜索型產品，消費者瀏覽的網頁數量更多，即搜索的廣度較廣；而對經驗型產品，消費者在每個網頁上停留的時間更長，即搜索的深度較深。

本書基於產品信息屬性將產品分為搜索型產品和體驗型產品。搜索型產品①是消費者在購買前就可以瞭解產品的質量以及適用性。體驗型產品②是消費者在購買前不能對產品體驗，所以沒有辦法瞭解產品屬性，體驗型產品屬性的相關信息的搜索很難或搜索成本很高。

---

① Nelson P. Advertising as information [J]. Journal of Political Economy, 1974 (82): 729-754.
② Klein L R. Evaluating the potential of interactive media through a new lens: search versus experience goods [J]. Journal of Business Research, 1998 (41): 195-203.

2.6　本章小結

　　本章對「參照群體」「品牌資產」和「感知風險」三部分的研究進行了梳理、歸納和分析。首先，本章整理了關於參照群體研究的國內外文獻，對參照群體的概念、類型和作用方式進行了歸納總結，並通過對參照群體實證研究的相關闡述總結了已有研究的成果和挖掘可能的研究機會；其次，本章整理了關於品牌資產研究的國內外文獻，對品牌資產的概念、評估模型和影響要素進行了歸納總結，並挖掘出從參照群體的角度來研究品牌資產的研究機會；最後，本書整理了關於感知風險研究的國內外文獻，對感知風險的概念、構成維度和影響進行了歸納總結。

　　通過歸納整理可以得到以下啟示：

　　第一，已有關於參照群體的研究，對參照群體的概念、類型和影響方式的研究已很成熟，但是關於參照群體對消費者品牌決策影響的研究比較零碎，且已有研究多專注於某一要素，比如品牌評價、品牌態度或品牌行為，對於參照群體對品牌評價、品牌態度和品牌行為的系統研究有待發展。

　　第二，已有關於品牌資產的研究，對品牌資產的概念、評估模型和影響因素研究較多，但是以參照群體作為自變量來研究其對品牌資產的作用機制尚未出現。

　　第三，已有關於感知風險的研究，對感知風險的概念、構成維度和感知風險的影響的研究比較多，但是對於從參照群體的角度來減少感知風險以及通過減少感知風險來提高品牌資產的實證研究較少，且將二者結合起來的研究尚未發現。

　　第四，已有關於遵從動機的研究，相對較少，且主要是關於遵從動機的概念以及其對人們行為的影響的研究。本書基於消費者的遵從動機不同來進行研究，提出消費者遵從動機特徵在參照群體作用品牌資產過程中具有調節作用。

　　第五，已有關於產品信息屬性的研究，主要是從產品類型的劃分以及不同信息屬性產品對消費者行為的影響著手。本書基於產品信息屬性不同

來進行研究，提出產品信息屬性在參照群體作用品牌資產過程中具有調節作用。

綜上，通過參照群體、品牌資產和感知風險相關研究的歸納和分析，本書從參照群體的角度來研究其對品牌資產的作用機制仍有空間。

3 理論模型和假設推演

通過第二章中對研究參照群體理論、品牌資產理論、感知風險理論的相關文獻的梳理可以看出，關於參照群體作用、品牌資產、感知風險的研究非常龐雜，國內外眾多學者基於不同的研究目的和研究角度進行了不同的界定和闡釋。因此準確詳細地界定各個研究變量的概念，有助於我們更加清晰地理清概念的發展脈絡，也有助於接下來的實證研究。

3.1 相關概念的界定

3.1.1 參照群體作用的界定和內涵

在參照群體作用的相關研究中，國外學者有兩種表達方式，最開始是社會心理學的 Reference group function（Kelly，1952；Park & Lessig，1977），後面的消費者行為學和市場營銷學多用 Reference group influence（Merton & Rossi，1957；Brinberg & Fliapton，1986；）。與其相對應地，國內學者也就產生了兩種翻譯方式，參照群體作用（符國群，2004；衛嶺，2006；楊園園，2012）和參照群體影響（姜凌，2009；張劍渝等，2009；杜偉強等，2009），以上兩個概念在已往的使用中表達的均是參照群體通過什麼樣的方式來影響消費者的態度和行為，其作用方式包括信息性作用、功利性作用和價值表達性作用三個維度。本書認為，使用參照群體作用更為貼切，而參照群體作用和參照群體影響這兩個概念是既有區別又相互聯繫的。

第一，參照群體作用和參照群體影響之間的區別。參照群體作用主要是參照群體對消費者的外部刺激，即參照群體通過什麼樣的作用方式來刺

激消費者，包括信息性作用、功利性作用和價值表達性作用；而參照群體影響是參照群體作用這個外部刺激給消費者帶來的影響，包括消費者的消費態度和消費行為的變化，如消費者的購買決策、品牌偏好、品牌聯想、品牌忠誠等。

第二，參照群體作用和參照群體影響之間的聯繫。參照群體影響是在參照群體作用的外部刺激——信息性作用、功利性作用和價值表達性作用對消費者的態度和行為產生的反應，也就是參照群體作用是消費者受到的外部刺激。參照群體的影響過程是消費者的內部變化，影響結果就是消費者的機體反應。

1. 參照群體作用的界定

關於參照群體作用的概念，國內外學者涉及的較少。Bearden，Netemeyer 和 Teel（1989）定義參照群體作用是「消費者通過觀察他人或詢問他人關於產品或服務的信息，願意做出符合他人期望的購買決定，會通過購買和使用某產品或品牌來表達和提升自我形象」。從這一定義中，可以看出參照群體的作用方式包括信息性作用、功利性作用和價值表達性作用。信息性作用體現在消費者通過詢問或觀察他人而獲得關於產品或服務的信息；功利性作用是為了避免懲罰獲得獎勵而做出符合他人期望的購買決策；價值表達性作用是消費者有表達自我概念和提升自我概念的需要。

2. 參照群體的作用方式

關於參照群體對其成員的作用方式主要有兩種闡述，一種是 Deutsch 和 Gerard（1955）將社會作用分為規範性作用和信息性作用兩個維度。另一種是 Park 和 Lessig（1977）基於 Deutsch 和 Gerard（1955）的研究，將規範性作用分為功利性作用和價值表達性作用，所以，Park 和 Lessig 將參照群體作用分為信息性作用、功利性作用和價值表達性作用三個維度。其中 Park 和 Lessig 的三維度得到了國內外學者的廣泛接受，並且沿用至今。因此本書對參照群體作用方式也採用這樣的維度進行劃分，將參照群體的作用方式分為信息性作用、功利性作用和價值表達性作用。

（1）信息性作用

信息性作用是個體將群體內其他成員的觀念、意見、行為作為有用的信息予以參考，且由此在個體行為上產生的影響（龔振，2007）。參照群體對消費者產生信息性作用，是因為消費者希望在信息更為充分的條件下做出更好的購買決策。當消費者在一個不確定的消費情境下，為了做出正確的產品評價和產品選擇，消費者會從不同參照群體特別是具有權威信息

的參照群體中收集信息，如專家、明星、熟人等，以提高自己的消費知識來做出正確的消費決策（Burnkrant & Cousieau，1975；Park & Lessig，1977）。

參照群體對消費者產生信息性作用，一般可以通過兩種途徑獲取信息：一是向意見領袖或產品專家收集信息；二是通過觀察關鍵人物的消費行為來推斷產品質量，比如一個人想買車，他會觀察從事汽車銷售朋友購買的汽車品牌來推斷此品牌車的質量。

（2）功利性作用

功利性作用是指當個體預計群體可以給予個體獎賞或者懲罰時，就會為了迎合參照群體的期望而對個體認識、情感或行為產生影響（龔振，2007）。懲罰和獎勵可以是有形的，也可以是社會性和心理上的結果。消費者處在一個複雜的社會環境中，其所屬群體對其所屬成員行為具有一定的期待，會無形中為成員設置一定的行為標準。消費者時常感受群體規則和社會標準的壓力，被迫在消費選擇或購買決策中遵從某些人為其設定好的規則。消費者為了建立滿意的關係而遵從參照群體的期望做出相應的行為，以獲得讚揚和避免懲罰來進行相應的消費決策（Burnkrant & Cousieau，1975）。

（3）價值表達性作用

價值表達性作用是指個體自覺遵從或內化某一群體所具有的信念和價值觀，從而在行為上與之保持一致（龔振，2007）。價值表達性作用來源於消費者對某一社會群體產生了心理維繫的需要。價值表現性作用對購買意願及購買行為的影響因人而異，因情景而異。價值表現性作用產生在消費者對參照群體的認知過程，當參照群體的決策或觀點與個體自我概念一致，個體的行為會受到參照群體價值表達性作用。

消費者受價值表達性作用主要體現在兩個方面：一方面，消費者有提升自我概念的需求，會通過模仿和效仿該群體的某些行為來表現出從屬於該群體，借助該群體的形象來表達自己的形象，使自我概念更接近自己理想的自我概念；另一方面，消費者有表達自我概念的需求，出於對某個群體的喜愛和好感，有心理上從屬於某個群體的需求，通過與這一參照群體做出一致的消費行為來對該群體做出積極的反應，比如做出與此群體一致的品牌選擇行為（Burnkrant & Cousieau，1975）。

Kelly（1947）將參照群體劃分為兩類：比較群體（用於自我提升的比較標準）和規範群體（個人規範、態度、價值的來源）。根據 Kelman（1961），參照群體對消費者的影響是通過以下三個途徑中的一種或幾種，

這三種途徑包括：①內部化：當個體接受一種影響，是因為感知到可以指示他達成自己的目標、最大化他的價值，內部化就發生了。②認同：個體從其他人那裡接受一種觀念或行為，是因為這種觀念或行為與他滿意的自我定義相關時，就產生了認同。③服從：個體遵從其他人的期望，是為了從他人那裡獲得獎勵或避免懲罰。

本書對信息性作用、功利性作用和價值表達性作用的界定如表 3-1 所示。

表 3-1　　　　　　　　　參照群體作用各維度的定義

變量	定義
信息性作用	信息性作用是參照群體通過成員的觀念、意見、行為等信息對個體消費態度和行為產生的參考作用
功利性作用	功利性作用是參照群體通過成員的期望和偏好對個體消費態度和行為產生的比較作用
價值表達性作用	價值表達性作用是參照群體的信念和價值觀對個體消費態度和行為產生的比較作用

3.1.2　品牌資產的界定和內涵

1. 品牌資產的概念

從第二章國內外學者從不同角度對品牌資產的概念界定不難看出，國內外學者對品牌資產的理解並不完全相同，這在一定程度上也說明了品牌資產內涵的豐富性和內容的複雜性。本書從市場營銷者關心的消費者角度出發，認為品牌資產具有以下幾個特點：

第一，品牌資產源於企業營銷活動等外部作用對消費者的影響，這為企業品牌資產建設提供了操作層面上的思路；

第二，品牌資產依附於消費者的認知、情感、行為意向，而非依附於產品，這是由企業的長期營銷活動等外部作用引起的；

第三，品牌資產會影響消費者的行為，如購買意願和品牌溢價，也就是影響大量顧客行為在市場上的產出；

第四，品牌資產來自於消費者對品牌的差異化反應，如果不存在顧客的差異反應化，那麼有品牌的產品和無品牌的產品是沒有什麼區別的。

綜上，本書借鑑於春玲（2003）的定義，品牌資產是消費者品牌知識的差異導致的對企業營銷活動在品牌認知、情感、行為意向和行為方面的差異化反應。

2. 品牌資產的內涵

本書對於基於顧客心智品牌資產的維度選擇借鑑 Yoo 等（2000）、張峰（2011）和 Netemeyer 等（2004）的劃分方式，綜合顧客和市場角度，從品牌資產認知視角變量，基於態度理論，將品牌資產分為感知質量、品牌情感、品牌忠誠和溢價支付意願四個維度。

（1）感知質量

質量有客觀質量和主觀質量兩種表現形式。其中，客觀質量[①]是產品（服務）本身真實的質量，比如產品的品質如何，技術領先水平如何，主觀質量是消費者對產品（服務）質量水平的主觀感受，也就是感知質量。Zeithaml 等（1988）提出，消費者通過對價格、質量以及價值的感知來對產品（服務）評價，這種評價是一種主觀評斷，並不是產品（服務）基於客觀情況做出的評價。感知質量是企業品牌資產的一個關鍵要素，它會對消費者品牌評價產生直接影響，它是消費者對企業品牌的感知程度，它的主要影響因素有企業的產品質量和服務質量。

（2）品牌情感

品牌情感是消費者對品牌的感覺和評價，是消費者與品牌關係的核心。Chaudhuri 和 Holbrook（2001）提出品牌情感[②]是消費者因為購買和使用某一品牌而對該品牌產生的積極情感反應。品牌情感體現的是消費者對品牌的一種情感，表達的是消費者對品牌的喜惡情況。當消費者對於某個品牌積極評價時，就會與該品牌形成較強的情感紐帶，從而增強消費者對該品牌態度上的承諾。

（3）品牌忠誠

品牌忠誠[③]是品牌資產構成的核心，是品牌資產的基礎之一，是消費者打算持續購買某一品牌產品的意願程度。它反應的是消費者轉移到其他品牌的可能性，特別是當品牌的產品性能和價格等改變時，消費者放棄該品牌轉向其他品牌的可能性。對於企業來說，消費者對企業的品牌忠誠度越高，企業抵禦競爭者的能力越強。

（4）溢價支付意願

Aaker（1996）提出品牌溢價是與較次的品牌相比，消費者在購買同

---

① Hjorth-Andersen C. The concept of Quality and Efficiency of Markets for Consumer Products [J]. Journal of consumer research, 1984 (11): 708-718.

② Chaudhuri A, Holbrook M B. The chain of effects from brand trust and brand effect to brand performance: the role of brand performance [J]. Journal of Marketing, 2001, 65 (2): 81-93.

③ 阿克. 管理品牌資產 [M]. 北京: 機械工業出版社, 2012.

量產品願意為喜歡的品牌額外支出的金額。施曉峰、吳小丁（2011）[①] 提出溢價支付意願是在購買同等產品時，消費者願意為某一特定品牌支出更多價錢，當這個品牌的產品漲價時，仍然購買這個品牌產品的意願。溢價支付意願是品牌競爭力的體現，是品牌生命力的體現。當消費者對於某一品牌的溢價支付意願越高時，企業制定價格的空間會越大，企業可以採用高價格策略，並通過對消費者索取更高的價格，來獲得企業的超額壟斷利潤。Netemeyeretal（2004）提出消費者對品牌的溢價支付意願是品牌資產的一個核心構面，是品牌資產的一個具有概括性的測量指標（Aaker，1996）。

本書對感知質量[②]、品牌情感[③]、品牌忠誠[④]和溢價支付意願[⑤]的概念進行了界定，具體闡述見表 3-2。

表 3-2　　　　　　　　品牌資產各維度的定義

變量	定義
感知質量	感知質量是顧客對某一品牌的產品(服務)整體優越性主觀上的判斷
品牌情感	品牌情感是某一品牌在消費者心理激發的正面情感，進而使消費者購買和使用此品牌的產品（服務）
品牌忠誠	品牌忠誠是消費者在未來一段時間內重複購買此品牌產品（服務）的承諾
溢價支付意願	溢價支付意願是相對於同檔次或者較低檔次品牌而言，消費者購買同量產品（服務）願意為某一特定品牌所支付的額外費用

3.1.3　感知風險的界定和內涵

1. 感知風險的概念

感知風險是消費者在購買決策中，因缺乏知識和不可控等因素導致的

[①] 施曉峰，吳小丁. 商品組合價值與溢價支付意願的關係研究［J］. 北京工商大學學報，2011，3（2）：49-55

[②] Zeithaml V A. Consumer Perceptions of Price, Quality and Value: A Means – end Model and Synthesis of evidence［J］. Journal of Marketing, 1988, 52（3）：2-22.

[③] Chaudhuri A, Holbrook M B. The chain of effects from brand trust and brand effect to brand performance: the role of brand performance［J］. Journal of Marketing, 2001, 65（2）：81-93.

[④] Aaker D A. Measuring Brand Equity across Products and Markets［J］. California Management Review, 1996, 28（3）：102-120.

[⑤] Netemeyer R G, Krishnan B, Pullig C. Developing and Validating Measures of Facets of Customer-based Brand Equity［J］. Journal of Business Research, 2004, 57（2）：209-224.

對消費不能滿足預期的主觀可能性和錯誤決策所帶來的風險。綜合國內外學者研究成果可知，基於不同的研究目的對於感知風險有不同的界定，但是基本上都涉及以下幾點：第一，感知風險的主觀性。它是消費者主觀確定的對損失的預期。Bauer（1960）特別強調感知風險是個人主觀評價的，可能與現實客觀情況並非相符。第二，感知風險的測評是不確定性和後果。感知風險的大小由兩方面決定，一是消費者決策失誤所帶來的嚴重後果，也就是感知風險的內容。二是消費者對於其消費行為結果的不確定性，也意味著消費者無法預知嚴重後果產生的可能性大小。

2. 感知風險的內涵

感知風險的維度具有高度的情境依賴性，研究對象的差異決定了感知風險內涵的多樣性。所以，本書主要測量消費者對已消費的手機品牌、旅遊目的地的感知風險。考慮到兩種品牌研究涉及的維度和消費者的關注點，以及各個風險之間的相關性，本書界定感知風險為五個維度：績效風險、身體風險、財務風險、社會風險和心理風險[1]。

(1) 績效風險

消費者在購買產品時，會有一個對產品的預期，會有一個與競爭產品的對比，當購買的產品沒有達到購買預期，或者購買的產品相對於競爭對手較差而給消費者帶來的風險就是績效風險。績效風險是產品的功能方面達不到消費者的需求，它會影響消費者對產品質量的感知，會影響消費者的情緒，消費者在購買之前會通過收集產品性能信息來盡量避免績效風險的發生。

(2) 身體風險

消費者購買和使用產品的過程中，有可能因為產品設計不合格，或產品使用不當，而帶來健康和安全上的危害，這就是身體風險。當消費者感知的身體風險比較大時，會影響他的購買決定，消費者在購買之前，可以通過詢問銷售人員產品的使用方式，或者諮詢已經購買顧客的使用反應來避免身體風險的出現。

(3) 財務風險

財務風險是消費者購買產品時，相對於在其他渠道購買，或者是相對於競爭對手同樣產品而使消費者在經濟上蒙受的損失。當消費者發現他所

---

[1] Stone R N, Gronhaug K. Perceived risk: Further Considerations for the Marketing Discipline [J]. European Journal of Marketing, 1993, 27 (3): 39-50.

購買的品牌價格偏高時，會影響他接下來的購買選擇，為了避免財務風險的出現，消費者在購買的過程中會貨比三家、諮詢價格、進行對比。

(4) 社會風險

社會風險是消費者購買到的產品可能因為檔次問題、缺陷問題，而使消費者在使用這一產品時候遭到周圍人的嘲笑甚至愚弄的風險。當消費者購買和使用某一品牌的社會風險較高時，會在使用的過程不舒服，會選擇轉移品牌，為了避免社會風險的出現，消費者在購買之前會諮詢周圍人們的看法。

(5) 心理風險

心理風險是因為形象與消費者不相符，或者沒有達到自己的預期，而給消費者帶來心理上的傷害。當消費者購買某一品牌產生心理風險時，會在使用的過程情緒低落，從而影響消費者對品牌的情感。為了避免心理風險的出現，消費者會在購買的過程中瞭解產品的質量以及特點，避免與自己不符，購買後閒置或者使用時難過。

本書對感知風險五維度的概念主要參照 Stone 和 Gronhaug（1993）的界定，具體闡述見表3-3。

表3-3　　　　　　　　感知風險各維度的定義

變量	定義
績效風險	產品不具備人們所期望的性能或產品性能比競爭者的產品差所帶來的風險
財務風險	產品定價過高或產品有質量問題等招致經濟上蒙受損失所產生的風險
身體風險	產品可能對自己或他人的健康與安全產生危害的風險
社會風險	因購買決策失誤而受到他人嘲笑、疏遠而產生的風險
心理風險	因購買決策失誤而使顧客自我情感受到傷害的風險

資料來源：Stone R N, Gronhaug K. Perceived risk: Further considerations for the marketing discipline [J]. European Journal of Marketing, 1993, 27 (3): 39-50.

3.2 理論模型構建

3.2.1 框架構思的理論基礎

參照群體作用①是消費者通過觀察他人的購買和使用產品（服務）行為或詢問他人關於產品（服務）的信息，願意做出符合他人期望的購買決定，從而通過購買和使用某品牌的產品（服務）來表達和提升自我形象。所以，從本質上說，參照群體會為消費者提供產品信息和品牌信息，會對消費者的購買行為進行評價，會對消費者的使用行為帶來約束，這些就是參照群體對消費者的外部刺激。外部刺激會影響消費者對產品或品牌的態度和行為，這個過程是消費者信息加工和學習的過程，因此本書借鑑了消費者行為學中著名的刺激-機體-反應（Stimulus-Organism-Response，以下簡稱 S-O-R）理論，基於此構建本書參照群體對品牌資產影響機制的整體框架構思。

1974 年，Mehrabian 和 Russell 提出 S-O-R 理論②，該理論早期是研究者用來分析和解釋個體受外部環境的刺激做出行為的反應這一過程的邏輯是什麼。S-O-R 理論試圖解釋與分析外部環境對人類行為的影響。S-O-R 理論由前因變量，仲介作用的情緒狀態以及趨近或規避的產出結果構成。該理論核心思想是提出處於環境中的個人，會對環境特徵做出的趨近或規避行為，其間會受到個人情緒狀態的仲介作用影響。

如圖 3-1 所示，S-O-R 理論由三部分組成。第一部分是刺激變量，主要是指個體所處的環境屬性；第二部分是仲介變量，主要是個體的認知和情緒是怎樣；第三部分是個體的反應結果，主要是個體的趨近反應或者規避反應是什麼。S-O-R 理論核心思想是第二部分的個體認知和情緒，第二部分是第一部分外部刺激到第三部分個體反應的仲介變量，整個過程中個體的認知和情緒起著仲介作用。

---

① Bearden W O, Netemeyer R G, Teel J E. Measurement of Consumer Susceptibility to Interpersonal Influence [J]. Journal of Consumer Research, 1989 (15): 473-481.

② Mehrabian A, Russell J A. An Approach to Environmental Psychology [M]. Cambridge: The Mit Press, 1974: 65-77.

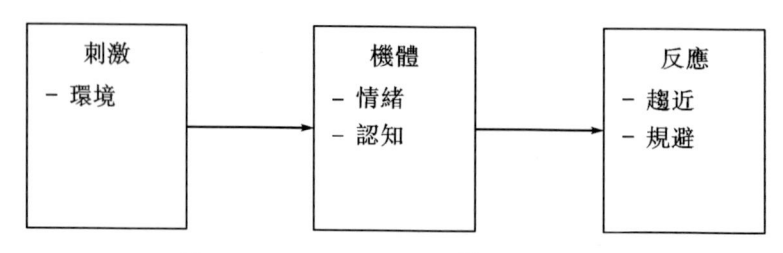

圖 3-1　Mehrabian-Russell 的 S-O-R 模型

資料來源：Mehrabian A, Russell J A. An Approach to Environmental Psychology [M]. Cambridge: The Mit Press, 1974.

　　Belk（1975）最早把 S-O-R 理論引入市場營銷的相關研究中。學者們主要用 S-O-R 理論來分析和解釋消費者行為。

　　在市場營銷相關研究中，刺激變量（S）[①]是消費者所處的外部情景，是指對消費者輸入的包括市場營銷活動在內的外部環境組成。刺激是「個人外部的東西」，它由營銷組合變量和其他環境輸入組成。具體說，就是當消費者在購買和使用產品（服務）的過程中，消費者所接觸到的任何信息，都可以被認作廣義的環境刺激，包括品牌、促銷、產品、口碑、廣告等。

　　機體變量（O）[①]是消費者受到刺激到做出反應之間的變量，是消費者的內部過程和結構，涉及「介於刺激和最終行為、反應間的個人內部的過程和結構」，該過程和結構由感知的，心理的，感覺和思考活動構成。具體說，就是消費者在購買和使用產品（服務）的過程中，消費者心理上的、感知到的、感覺和思考活動構成，也就是是消費者的認知和情緒。學者普遍認為情緒包含兩個維度：愉悅和喚醒（Russell & Pratt, 1980; Donovan & Rossiter, 1982），而認知包括的範圍更大一些，如感知風險、感知價值和感知信息量等。

　　反應變量（R）[①]是消費者反應後和產出結果的最終行為，包括消費者心理上的反應和行為上的反應。具體說，當消費者在購買和使用產品（服務）的過程中，在外部環境、內部認知和情緒評價的影響下，會產生趨近反應或規避反應。如果消費者在環境刺激下產生的情緒，能夠給消費者積極影響，使得產生奔向目標方向的行為傾向，稱為趨近反應。反之，若消費者在環境刺激下產生的情緒，給消費者消極影響，使得產生偏離目標方

---

① Bagozzi R P. Principles of Marketing Management [M]. Chicago: Science Research Associations Inc, 1986.

向的行為傾向，稱為規避反應。

3.2.2 理論模型的推演和形成

根據上述的 S-O-R 理論模型的基本要點，本書將參照群體作為消費者購買和使用某品牌產品（服務）的刺激，內容包括參照群體的外部刺激和產品的外部刺激。參照群體的外部刺激包括信息性作用（參照群體成員所接觸到的所有信息的刺激）、功利性作用（參照群體對消費者購買某品牌的期望和偏好）和價值表達性作用（參照群體的信念和價值觀）三方面。關於產品類型的外部刺激，已有研究[①]發現，消費者在購買不同類型產品時，所受到的參照群體作用是有所差異的，所以本書將產品信息屬性納入研究模型，研究其在參照群體對品牌資產的影響的過程中是否具有調節作用，以提高研究模型的解釋能力。

在外部刺激的作用下，機體會發生變化，消費者的內部過程和結構，也就是消費者對購買和使用某品牌產品（服務）的認知和情感評價的判斷。在參照群體作用下，機體主要是消費者對購買決策的感知風險[②]和感知價值[③]。但是，相對於獲得購買利益最大化，消費者更傾向於逃避錯誤，感知風險相對於感知價值是更為關鍵的決定因素（Mitchell, 1999）[④]。以 Bauer 為代表的學者認為消費者購買時會選擇感知風險最小的方案。感知風險的概念最初是由哈佛大學的鮑爾從心理學延伸出來的。1960 年，鮑爾將「感知風險」這一概念引入營銷學，他將感知風險定義為：「由消費者的行為產生的、而他自己不能明確預期的後果。」感知風險有兩個緯度：不確定性和不利的後果。不確定性是指對產品本身的性能等屬性不明確；不利的後果是指購買產品後，會帶來的時間、貨幣、心理等損失。所以本書選擇感知風險作為參照群體作用的機體變化。已有研究[⑤]發現，不同消

---

① Park C W, Lessig V P. Students and Housewives: Differences in Susceptibility to Reference Group Influence [J]. Journal of Consumer Research, 1977 (4): 102-110; Brown J J, Reingen P H. Social times and word-of-mouth referral behavior [J]. Journal of Consumer Research, 1987, 14 (3): 350-362.

② 楊園園. 參照群體對旅遊感知風險的影響研究 [D]. 成都：西南財經大學，2012.

③ 姜凌. 參照群體影響下奢侈品牌消費行為研究 [D]. 成都：西南交通大學，2009.

④ Mitchell V W. Consumer perceived risk: conceptualizations and models. European journal of marketing, 1999, 33 (1): 163-195.

⑤ Brinberg D, Plimpton L. Self-monitoring and Product Conspicuousness on Reference Group Influence [J]. Advances of Consumer Research, 1986, 13 (1): 297-300; Bearden W O, Netemeyer R G, Teel J E. Measurement of Consumer Susceptibility to Interpersonal Influence [J]. Journal of Consumer Research, 1989 (15): 473-481.

費者在購買產品時，參照群體作用是有所差異的，所以本書將消費者遵從動機特徵納入研究模型，研究其在參照群體對品牌資產影響的過程中是否具有調節作用，提高研究模型的解釋能力。

在外部刺激和機體的作用下，消費者的反應會發生變化，包括心理反應或行為反應。在參照群體和消費者認知的影響下，會對消費者購買商品的心理或行為產生影響，而涵蓋這一內容最合適的變量是品牌資產，所以，本書用品牌資產來闡釋消費者心理上的反應和行為上的反應。

綜上，基於S-O-R理論，綜合參照群體作用、感知風險和品牌資產的相關理論和已有研究，本書構建了參照群體作用方式、感知風險、品牌資產遵從動機和產品信息屬性之間的研究模型，如圖3-2所示。

該模型認為參照群體這一外部環境刺激會引起消費者認知判斷，也就是感知風險，進而影響消費者的心理上的反應和行為上的反應，即品牌資產，模型中還指出消費者遵從動機特徵和產品信息屬性在參照群體作用品牌資產的過程中起著調節作用。本模型主要包括以下幾個研究問題：

（1）參照群體作用及其三維度會對品牌資產產生影響。本書提出參照群體作用（信息性作用、功利性作用和價值表達性作用）會對品牌資產產生影響，本書想探討參照群體作用（信息性作用、功利性作用和價值表達性作用）與品牌資產的關係是怎樣的，是否顯著。

（2）參照群體作用及其三維度會對感知風險產生影響。本書提出參照群體作用（信息性作用、功利性作用和價值表達性作用）會對感知風險產生影響，本書想探討參照群體作用（信息性作用、功利性作用和價值表達性作用）與感知風險的關係是怎樣的，是否顯著。

（3）參照群體作用會對品牌資產產生影響，消費者遵從動機起著調節作用。遵從動機是個體接受他人價值觀的意願。有學者提出並驗證了遵從動機對消費者參照群體作用的影響，個人的遵從動機越高，那麼受到參照群體的信息性作用、功利性作用和價值表達性作用越大，其行為也會越容易受到周邊人的影響。所以，本書提出遵從動機特徵不同的人，在參照群體作用下對品牌資產的影響程度是有所差異的。

（4）參照群體會對品牌資產產生影響，產品信息屬性起著調節作用。本書以信息屬性為標準，將產品分為搜索型產品和體驗型產品，不同產品的質量掌握難度有所差異，受到參照群體作用有所不同（劉芳芳、王琦，2012），消費者對其品牌態度和行為方面也有所差異。所以，本書想驗證產品信息屬性在參照群體作用下對品牌資產的影響程度是有差異的。

3 理論模型和假設推演

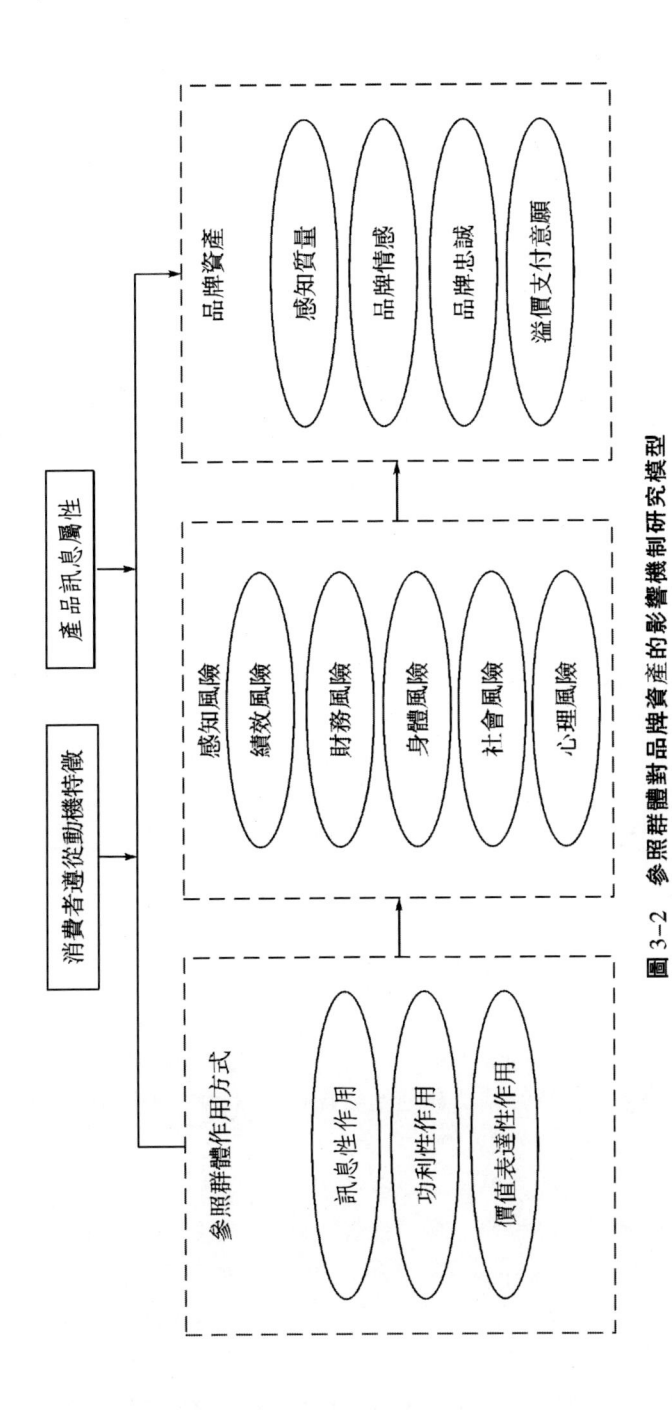

圖 3-2 參照群體對品牌資產的影響機制研究模型

品牌資產：感知質量、品牌情感、品牌忠誠、溢價支付意願

產品訊息屬性

感知風險：績效風險、財務風險、身體風險、社會風險、心理風險

消費者遵從動機特徵

參照群體作用方式：訊息性作用、功利性作用、價值表達性作用

（5）感知風險在參照群體影響品牌資產過程中的仲介作用。在消費者購買決策的相關研究中，國外學者提出有兩種主要模式：一種觀點是消費者在購買的過程中，會傾向於感知價值最大化，購買感知價值最大的產品（服務），也就是感知價值對於消費者的購買決策起到決定性作用；另一種觀點是消費者在購買的過程中，會傾向於感知風險最小化，購買感知風險最小的產品（服務）。1999 年，Mitchell 通過研究得出結論，消費者在購買的過程中，更傾向於感知風險最小化而不是感知價值最大化，感知風險作為消費者對購買和使用某品牌產品（服務）的認知和情感評價的判斷具有更強的解釋力。所以，本書假設感知風險為參照群體對品牌資產影響的仲介變量，並驗證其顯著性。

3.3　研究假設

3.3.1　參照群體作用對品牌資產的影響

在社會影響理論中，參照群體是影響消費者的關鍵情景變量。究其原因，第一，當消費者在特定環境下進行品牌購買決策時，希望在瞭解相關信息後做出明智的決策；第二，消費者具有社會性的一面，在進行品牌購買決策時，並不總是基於自己的個人偏好，在很大程度上會受到包括參照群體這一重要變量在內的社會因素的顯著影響；第三，消費者期望通過自己使用或購買的品牌向其他消費者傳達自己的特點。所以，消費者在購買的過程中會受到參照群體的作用，參照群體作用是消費者在購買的過程中，通過觀察他人或詢問他人關於產品或服務的信息，願意做出符合他人期望的購買決定，並通過購買和使用某產品或品牌來表達和提升自我形象（Bearden 等，1989）。

作為近些年的研究熱點，品牌資產得到了國內外學術界和實務界的廣泛關注，基於顧客的品牌資產是消費者品牌知識差異導致的對企業市場營銷活動在認知、情感、行為意向和行為方面的差異化反應（於春玲，2003），會受到消費者所處的外部環境和消費者認知判斷的影響。

參照群體會對消費者的品牌態度和品牌行為帶來影響，國內外學者都對此問題有相關的研究。Witt（1969）研究得出，個體對參照群體其他成員的品牌知識越瞭解，會使得群體內成員的品牌選擇越趨於一致；Ford 和

Ellis（1980）研究發現，參照群體的影響越大，參照群體內成員在品牌偏好上越一致；陳家瑶、劉克、宋亦平（2006）研究發現參照群體產品感知價值評價會影響顧客對產品感知價值的評價；姜凌（2009）通過研究得出參照群體會以消費者購買價值為仲介對奢侈品牌購買行為產生影響；杜偉強、於春玲、趙平（2009）研究得出，消費者會通過使用某品牌產品（服務），來體現與崇拜群體相一致的，以此來體現出自己是什麼樣子的人，消費者也會通過不使用某品牌，來體現與規避群體不一致，以此來體現自己不是什麼樣子的人；Keeshan（2009）在參照群體對消費者溢價支付意願的研究中驗證了參照群體影響（群體認同、關係強度和需求獨特性）與消費者溢價支付意願存在顯著關係；鄭玉香、袁少鋒（2009）基於研究發現信息性作用和規範性作用對群體歸屬交流的炫耀性購買行為發揮作用，價值表達性作用與物質享受主義強正相關，與人際協調和群體歸屬交流弱相關，面子意識對顧客炫耀性消費影響最顯著；於尚豔、李華軒（2013）提出並驗證了參照群體、感知價值和顧客衝動購買意願三個概念的結構效度和區分效度，研究發現，參照群體與顧客衝動購買意願正相關。所以，參照群體作用會對產品評價、感知價值、口碑推薦、品牌知識和重購意願、自我品牌聯繫、溢價支付意願、炫耀性購買和衝動型購買帶來影響，而品牌資產是最能涵蓋這些變量的構念。

綜上，本書假設參照群體與品牌資產呈正相關。

H1：主效應檢驗：參照群體對品牌資產有正向影響。

1. 信息性作用對品牌資產的影響

信息性作用是參照群體成員的行為、觀念、意見等信息對個體消費行為產生的參考作用。消費者在做出購買產品（服務）的決策前，會積極主動地從參照群體內其他成員處通過詢問和觀察的方式來收集信息，通過收集的信息來判斷產品（服務）的質量，對產品（服務）質量的判斷會決定消費者的最終購買行為；消費者在做出購買決策後，依然會關注產品（服務）的相關信息，以此來判斷自己購買決策的好壞。Chan 和 Prendergast（2008）[1] 通過實證得出，在購買決策過程中，消費者對信息性作用的敏感程度會對產品評價具有顯著影響。Cohen 和 Golden（1972）提出產品信息或品牌信息是消費者對產品或品牌認知的基礎，也是消費者最終購買意向形成的關鍵來源，參照群體成員之間的信息交換活動，會相互影響消費者

---

[1] Chan K, Prendergast G P. Social Comparison, Imitation of Celebrity Models and Materialism among Chinese Youth [J]. International Journal of Advertising. 2008, 27 (5): 799-826.

在品牌的認知、情感和行為上的反應。Moschis（1976）對參照群體進行研究發現，消費者在購買決策時，會通過與其他成員的交談和觀察其他成員的消費行為來做出反應。

消費者在購買和使用產品的過程中，這些來自於專家、專業機構、朋友、同事和網路的關於品牌和消費體驗的信息會也對消費者的品牌認知、品牌情感和品牌行為帶來影響。國內已有研究也證明了這一點，姜凌（2009）研究得出參照群體信息性作用會對奢侈品牌購買行為產生影響；李彩麗、韓方璇（2011）研究表明年輕消費者從家庭獲取的信息可以通過影響消費者的品牌聯想和品牌質量感知而最終影響品牌溢價；李華軒（2013）研究發現，信息性作用與顧客衝動購買意願正相關，感知價值在兩者間起部分仲介作用。

基於此，本書提出以下假設：

H1a：信息性作用對品牌資產有正向影響。

2. 功利性作用對品牌資產的影響

功利性作用是參照群體成員的期望和偏好對個體消費行為產生的比較作用。消費者具有社會性的一面。來自同學、朋友、家人、同事、合作夥伴或者其他與消費者具有直接或間接關係的個人或群體，會對消費者的行為、觀念、意見產生影響。因此，消費者在購買產品（服務）的過程中，會無意或有意去符合其他個人或群體的期望、偏好和標準，通過這樣的購買態度和行為來獲得他人或群體的認可和肯定，以此來獲得讚賞（馬冬梅，2012）。在有些購買情境下，消費者所做出的購買選擇並不是基於自己的偏好，而是受到群體規則和社會標準的壓力，為了建立滿意的關係而做出與之相應的社交表現，以此來避免懲罰。

所以，參照群體成員的期望和偏好會對消費者的品牌態度和行為產生影響，已有研究也證明了這一點，姜凌（2009）研究得出參照群體功利性作用會對奢侈品牌購買行為產生影響；李華軒（2013）研究發現，功利性作用會對顧客衝動購買意願產生作用；李峰、沈惠璋、張聰（2012）在研究中國危機事件下從眾意向模型時，提出並驗證了功利性作用對個體的態度產生影響，並通過個體態度對個體的行為產生影響。

基於此，本書提出以下假設：

H1b：功利性作用對品牌資產有正向影響。

3. 價值表達性作用對品牌資產的影響

價值表達性作用是個體為了提高和表達自我概念以獲得心理滿足而受到的作用。價值表達性作用之所以對消費者產生影響，是因為消費者對某

個人或群體具有心理維繫的需要，他希望通過某種態度和行為來與某個人或某群體產生聯繫，以此來表達自己是某個人或某群體那種類型的人。消費者一方面有自我提升的需求，通過模仿崇拜群體的行為來與該群體建立關係或與自己所迴避的群體進行區分，使自我概念更接近自己理想的自我概念；另一方面消費者有隸屬某一群體的需求，通過與這一參照群體做出一致的消費行為來對該群體做出積極的反應。

所以，價值表達性作用會對消費者的品牌態度和行為產生影響，已有研究也證明了這一點，姜凌（2009）研究得出參照群體價值表達性作用會對消費者的奢侈品牌購買行為產生影響；李華軒（2013）研究發現，價值表達性作用與顧客衝動購買意願正相關，感知價值在兩者間起部分仲介作用。

基於此，本書提出以下假設：

H1c：價值表達性作用對品牌資產有正向影響。

3.3.2 參照群體作用對感知風險的影響

感知風險是指消費者在購買決策中，因缺乏知識和不可控等因素導致的對消費不能滿足預期的主觀可能性和錯誤決策所帶來的風險。參照群體可以為消費者提供購買產品或品牌的信息，提高消費者的消費決策知識和提升消費決策能力，可以提供一定的期望和標準，使得消費者避免懲罰或受到讚賞，進而使其與渴望群體建立關聯，與拒絕群體區分開來，從而降低消費者的感知風險。

Bauer（1960）提出參照群體是減少感知風險的好方法。Witt 和 Bruce（1972）提出參照群體可以降低消費者的感知風險。Childers 和 Rao（1992）認為當在消費情境中遇到不確定性時，消費者會試圖搜尋信息以降低風險。

Burnkrant 和 Cousieau（1975）將參照群體作用的信息性作用和功利性作用，與 Kelman（1961）[1] 在個體態度變化過程一文中提出的內部化、順從和認同三個過程一一對應，並認為消費者總是處於一定的社會環境之中，因此會感受到來自周圍群體的壓力，並被迫在消費選擇或決策中遵從某些規範，以降低社會、心理感知風險。

後來，賈鶴等（2008）在其基礎上又加入了價值表達性作用，提出了下表參照群體作用各維度的動機、導向、過程、表現和結果（見表3-4），

---

[1] Kelman H C. Process of opinion change [J]. Public Opinion Quarterly, 1961（25）：57-78.

從表 3-4 可以看出，參照群體的信息性作用、功利性作用和價值表達性作用可以降低感知風險。

綜上，故本書提出以下假設：

H2：參照群體作用會對感知風險有負向影響。

表 3-4　參照群體影響三維度的動機、導向、過程、表現和結果

維度	動機	導向	表現	過程	結果
信息性作用	規避風險	獲得滿意的產品	詢問他人信息，觀察他人行為	內部化	提升消費決策能力 提高消費決策知識
功利性作用	遵從社會	建立滿意的關係	迎合群體的偏好、期望或標準	順從	獲得讚揚，避免懲罰
價值表達性作用	心理隸屬 提升自我	獲得心理滿足	與正面群體建立關聯，與負面群體進行區分	認同	強化自我概念 提升自我形象

資料來自：賈鶴，王永貴，劉佳媛，馬劍虹．參照群體對消費決策影響研究述評［J］．外國經濟管理，2008，30（6）：51-58.

1. 信息性作用對感知風險的影響

當消費者對所購產品缺乏瞭解，憑眼看手摸又難以對產品品質做出判斷時，別人的使用和推薦將被視為非常有用的依據。群體在這一方面對個體的影響，取決於被影響者與群體成員的相似性，以及施加影響的群體成員的專長性。例如，某人發現好幾位朋友都在使用某種品牌的護膚品，於是她決定試用一下，因為這麼多朋友使用它，意味著該品牌一定有其優點和特色。從表 3-4 中可以看出，當消費者在一個不確定的消費情境下，為了做出正確的產品評價和產品選擇，會從不同參照群體特別是具有權威信息的參照群體中收集信息，如專家、明星、熟人等。信息性作用是消費者通過詢問他人信息，觀察他人行為來提高消費決策知識，以此來提高決策能力，降低感知風險。

所以，本書認為信息性作用與感知風險呈負相關，已有研究也提出或證明了這一點，Arndt（1967）、Taylor（1974）、Peter 和 Tarpey（1975）、Dowling 和 Staelin（1994）、Assael（1998）等學者提出，參考群體（意見領袖、朋友等）的信息會影響消費者的感知風險。當消費者對購買決策沒有把握時，會通過信息搜尋來降低感知風險，信息的準確性、有效性和全面性會直接影響顧客的風險感知，進而影響消費者最終的購買決策。如今，很多企業在產品推廣的過程，以短期利益為主，不惜用虛假信息進行宣傳，這種行為不僅影響了消費者感知風險的判斷，還降低了顧客對企業

的信任，減少對企業的購買行為。

基於此，故本書提出假設：

H2a：信息性作用對感知風險有負向影響。

2. 功利性作用對感知風險的影響

消費者處在一個複雜的社會環境中，時常感受來自家庭、同事等群體規則的壓力和來自社會標準的壓力。在某些特定的情境下，品牌選擇或購買的過程中不是基於自己的偏好，而是基於群體的規則，通過遵從群體規則來避免受到懲罰，這就是功利性作用的表現。

無論何時，只要有群體存在，不需要經過任何語言溝通和直接思考，功利就會迅速發揮作用。功利性作用之所以發生和起作用，是由於獎勵和懲罰的存在。為了獲得讚賞和避免懲罰，個體會按群體的期待行事。廣告商聲稱，如果使用某種商品，就能得到社會的接受和讚許，利用的就是群體對個體的規範性影響。同樣，宣稱不使用某種產品就得不到群體的認可，也是運用功利性作用。消費者在購買產品（服務）的過程中通過遵從某些規範，做出迎合群體的期望和偏好的行為，購買符合參照群體期望和偏好的品牌，以此來獲得他人的讚賞和避免他人的懲罰，進而降低了感知風險。

所以，本書認為功利性作用與感知風險呈負相關，已有研究也提出或證明了這一點，消費者總是處於一定的社會環境之中，因此會感受到來自周圍群體的壓力，並被迫在消費選擇或決策中遵從某些規範（Kelman, 1961），以降低社會、心理感知風險。

基於此，故本書提出以下假設：

H2b：功利性作用對感知風險有負向影響。

3. 價值表達性作用對感知風險的影響

個體之所以在不需要外在獎懲的情況下自覺依群體的規範和信念行事，主要是基於兩方面力量的驅動。一方面有提升自我概念的需求，會通過模仿和效仿該群體的某些行為來表現出隸屬於該個群體，借助購買與該群體形象相符的品牌來體現自己的形象與群體的形象一致，使消費者的自我概念更加靠近消費者理想的自我概念；另一方面，消費者有表達自我概念的需求，出於對某個群體的喜愛和好感，有心理上從屬於某個群體的需求，通過與這一參照群體做出一致的消費行為來對該群體做出積極的反應，比如做出與此群體一致的品牌選擇行為，以此來降低感知風險。

所以，本書認為價值表達性作用與感知風險呈負相關，已有研究也證明了這一點。為了滿足自我提升的需求，消費者可以借助其所嚮往的參照

群體並通過特定的消費行為來實現自我提升，即模仿參照群體的消費行為，給別人留下自己屬於該群體的印象（Bearden 等，1989），增強品牌信任和品牌情感（姜凌、王成璋、姜楠，2009），降低消費者的感知風險。杜偉強、於春玲、趙平（2009）研究得出，顧客會使用品牌形象、規避與群體不一致的品牌來體現自己不是什麼類型的人，以此來獲得心理上的滿足。所以本書認為消費者在購買產品（服務）的過程中，會通過購買某品牌來強化自我概念和提升自我形象，降低感知風險。

基於此，故本書提出以下假設：

H2c：價值表達性作用對感知風險有負向影響。

3.3.3 消費者遵從動機特徵的調節作用

品牌資產是眾多消費者消費態度和行為的綜合體現，但是不同的消費者在購買過程中，受到參照群體的影響又是有差異的。本書基於不同的標準對於消費者進行細分研究，為企業進行市場細分以及制定細化的品牌營銷策略提供了依據。本書引入了消費者遵從動機特徵在參照群體作用品牌資產過程中的調節作用。遵從動機是個體接受他人價值觀的意願，本書基於消費者的遵從動機不同來進行研究。

已有研究也在這一方面進行了相關研究，Bearden 等（1989）研究得出消費者遵從程度與參照群體影響高度相關，消費者的遵從動機越高，受到的信息性作用和規範性作用越大；林丹華、方曉義（2003）在研究青少年的個性特徵與抽菸行為後得出，遵從動機與青少年的抽菸行為存在顯著關係，吸菸的青少年的遵從動機顯著高於不吸菸的青少年。

綜上，本書認為消費者遵從動機特徵在參照群體作用與品牌資產之間具有調節作用，參照群體作用分為信息性作用、功利性作用和價值表達性作用，所以得到如下假設：

H3a：消費者遵從動機特徵在信息性作用和品牌資產之間具有調節作用。

H3b：消費者遵從動機特徵在功利性作用和品牌資產之間具有調節作用。

H3c：消費者遵從動機特徵在價值表達性作用和品牌資產之間具有調節作用。

3.3.4 產品信息屬性的調節作用

消費者在購買不同產品時，會受到參照群體的作用，且作用是有差別

的，這與產品的屬性相關，如產品的可見性和必需程度、產品的複雜性等。那麼，在參照群體作用下，不同產品帶來的品牌態度和品牌行為是否存在差異？本書引入了產品信息屬性在參照群體作用品牌資產過程中的調節作用。

本書基於產品信息屬性將產品分為搜索型產品和體驗型產品。搜索型產品[①]是消費者在購買前就可以瞭解產品的質量以及適用性。體驗型產品[②]是消費者在購買前沒有對產品的體驗，所以沒有辦法瞭解產品屬性，體驗型產品屬性的相關信息的搜索很難或搜索成本很高。兩類型產品的特點如表 3-5 所示。

表 3-5　　　　　　　　　　　產品類型和特點

產品類型	產品信息特點	產品質量判斷	獲取產品質量難易程度	信息不確定性	決策風險
搜索型產品	客觀	較統一	較容易	較低	較低
體驗型產品	偏主觀	較不統一	較困難	較高	較高

基於不同產品特點的差異性，搜索型產品的質量較易掌握，而體驗型產品較難，所以消費者對不同類型產品的購買行為也有所不同，已有研究也證實了這一點。劉芳芳、王琦（2012）通過研究得出：不論搜索型產品還是體驗型產品，都會隨著群體壓力的增加而使從眾行為增加；並且當群體壓力從小到大時，相對於搜索型產品，消費者購買體驗型產品的從眾行為增加更多；當群體壓力從較大變為非常大時，相比體驗型產品，消費者購買搜索型產品的從眾行為增加更多。

綜上論述，本書將產品信息屬性作為參照群體作用對品牌資產的調節變量是可行的，參照群體作用分為信息性作用、功利性作用和價值表達性作用，所以得到如下假設：

H4a：產品信息屬性在信息性作用和品牌資產之間具有調節作用。

H4b：產品信息屬性在功利性作用和品牌資產之間具有調節作用。

H4c：產品信息屬性在價值表達性作用和品牌資產之間具有調節作用。

3.3.5　感知風險在參照群體作用與品牌資產之間的仲介作用

消費者在購買的過程中，擔心購買到錯誤的產品給自身帶來風險，所

[①] Nelson P. Advertising as information [J]. Journal of Political Economy, 1974 (82): 729-754.

[②] Klein L R. Evaluating the potential of interactive media through a new lens: search versus experience goods [J]. Journal of Business Research, 1998 (41): 195-203.

以希望在購買前掌握更加充足的信息。其中，來自參照群體的信息會成為消費者真實可靠的信息來源，來自參照群體的偏好和期望成為消費者的壓力，這些會成為消費者購買的依據，以降低消費者的感知風險[1]。

感知風險會影響品牌資產，當消費者態度和行為發生轉變、推遲購買甚至取消購買時，消費者對購買的感知風險起著重大影響。Chaudhuri 和 Holbrook（2001）通過研究得出，在消費者的購買決策中，降低消費者的感知風險，會提高消費者的品牌信任，增強消費者的品牌情感，進而提高消費者的品牌忠誠。Erdem 等（1998）[2] 提出感知風險會影響口碑信息使用、品牌忠誠、新產品使用和知名品牌依賴等消費者行為。國內學者也有相關研究，胡道瑞（2011）通過實證研究發現感知風險與品牌資產之間呈負相關；刁姝杰（2013）在研究中證實感知風險各個維度與品牌資產各個維度具有顯著關係；陶燕燕（2010）在研究中得出，危機事件中顧客感知風險對品牌資產帶來影響；楊園園（2013）研究了參照群體作用對感知風險與購買意願的影響。

在參照群體作用下，消費者的心理認知主要是消費者對購買決策的感知風險和感知價值（陳佳瑤等，2006；姜凌，2009）會發生變化。但是，相對於獲得購買利益最大化，消費者更傾向於逃避錯誤，感知風險相對於感知價值是更為關鍵的決定因素（Mitchell，1999），所以本書選擇感知風險作為參照群體作用的機體變化。

根據 S-O-R 理論模型的基本要點，本書將參照群體作為消費者購買和使用某品牌產品（服務）的刺激，內容包括參照群體的外部刺激和產品的外部刺激。參照群體的外部刺激包括信息性作用（參照群體成員所接觸到的所有信息的刺激）、功利性作用（參照群體對消費者購買某品牌的期望和偏好）和價值表達性作用（參照群體的信念和價值觀）三方面。關於產品類型的外部刺激，已有研究[3]發現，消費者在購買不同類型產品時，所受到的參照群體作用是有所差異的。所以本書將產品信息屬性納入研究

---

[1] Childers T L, Rao A R. The Influence of Familial and peer based Reference Groups on Consumer Decisions [J]. Journal of Consumer Research, 1992, 19（1）：198-211.

[2] Erdem T, Swait J. Brand Equity as a Signaling Phenomenon [J]. Journal of Consumer Psychology, 1998, 7（2）：131-157.

[3] Park C W, Lessig V P. Students and Housewives: Differences in Susceptibility to Reference Group Influence [J]. Journal of Consumer Research, 1977（4）：102-110；Brown J J, Reingen P H. Social times and word-of-mouth referral behavior [J]. Journal of Consumer Research, 1987, 14（3）：350-362.

模型，研究其在參照群體對品牌資產影響的過程中是否具有調節作用，以提高研究模型的解釋能力。

在外部刺激的作用下，機體會發生變化，消費者的內部過程和結構，也就是消費者對購買和使用某品牌產品（服務）的認知和情感評價的判斷。在參照群體作用下，機體主要是消費者對購買決策的感知風險[①]和感知價值[②]。但是，相對於獲得購買利益最大化，消費者更傾向於逃避錯誤，感知風險相對於感知價值是更為關鍵的決定因素（Mitchell，1999）[③]。以Bauer為代表的學者認為消費者購買時會選擇感知風險最小的方案。感知風險的概念最初是由哈佛大學的鮑爾從心理學延伸出來的。1960年，鮑爾將「感知風險」這一概念引入營銷學，他將感知風險定義為：「由消費者的行為產生的、而他自己不能明確預期的後果。」感知風險有兩個緯度：不確定性和不利的後果。不確定性是指對產品本身的性能等屬性不明確；不利的後果是指購買產品後，會帶來的時間、貨幣、心理等損失。所以本書選擇感知風險作為參照群體作用的機體變化。已有研究[④]發現，不同消費者在購買產品時，參照群體作用是有所差異的，所以本書將消費者遵從動機特徵納入研究模型，研究其在參照群體對品牌資產影響的過程是否具有調節作用，提高研究模型的解釋能力。

在外部刺激和機體的作用下，消費者的反應會發生變化，包括心理反應或行為反應。在參照群體和消費者認知的影響下，會對消費者購買品牌心理或行為產生影響，而涵蓋這一內容最合適的變量是品牌資產，所以，本書用品牌資產來闡釋消費者心理上的反應和行為上的反應。

因此，本書認為感知風險在參照群體作用和品牌資產之間充當仲介作用，得到如下假設：

H5：感知風險在參照群體和品牌資產之間充當仲介作用。

因為，參照群體作用分為信息性作用、功利性作用、價值表達性作用三維度，所以，本書認為感知風險在信息性作用、功利性作用、價值表達

---

① 楊園園. 參照群體對旅遊感知風險的影響研究［D］. 成都：西南財經大學，2012.

② 姜凌. 參照群體影響下奢侈品牌消費行為研究［D］. 成都：西南交通大學，2009.

③ Mitchell V W. Consumer perceived risk: conceptualizations and models［J］. European journal of marketing, 1999, 33 (1): 163-195.

④ Brinberg D, Plimpton L. Self-monitoring and Product Conspicuousness on Reference Group Influence［J］. Advances of Consumer Research, 1986, 13 (1): 297-300; Bearden W O, Netemeyer R G, Teel J E. Measurement of Consumer Susceptibility to Interpersonal Influence［J］. Journal of Consumer Research, 1989 (15): 473-481.

性作用和品牌資產之間充當仲介作用,且得到如下假設:

　　H5a:感知風險在信息性作用和品牌資產之間充當仲介作用。
　　H5b:感知風險在功利性作用和品牌資產之間充當仲介作用。
　　H5c:感知風險在價值表達性作用和品牌資產之間充當仲介作用。

3.4　本章小結

　　本章通過界定相關概念以及對概念的維度劃分,提出本書的概念模型,並在概念模型和相關理論的基礎上,進行了變量之間邏輯關係推演,提出假設。具體包含以下幾點:

　　第一,參照群體作用是消費者通過觀察他人或詢問他人關於產品或服務的信息,願意做出符合他人期望的購買決定,通過購買和使用某產品或品牌來表達和提升自我形象。參照群體作用的構成維度包含信息性作用、功利性作用和價值表達性作用。

　　第二,品牌資產是消費者品牌知識的差異導致其對企業營銷活動在認知、情感、行為意向和行為方面的差異化反應。其中認知、情感和行為意向是消費者對品牌的態度,對應本書所提出的顧客心智;而行為是消費者在市場上的表現,對應的是品牌價值鏈上的產品市場產出部分。本書從市場營銷者的角度,在品牌資產上選擇了感知質量、品牌情感、品牌忠誠和溢價支付意願四個重要指標。

　　第三,感知風險是消費者在購買決策中,因缺乏知識和不可控等因素導致的對消費不能滿足預期的主觀可能性和錯誤決策所帶來的風險。基於本書被測產品的特點,感知風險的構成維度包括財務風險、功能風險、身體風險、心理風險和社會風險。

　　第四,在已有研究和相關理論基礎上,深入分析了參照群體作用對感知風險和品牌資產的影響,感知風險對品牌資產的影響,品牌資產中顧客心智對市場產出的影響,以及消費者特徵和產品特徵在參照群體影響品牌資產過程中的調節作用。

　　第五,本書在概念模型和相關理論的基礎上,進行了變量之間邏輯關係推演與提出假設,具體假設見表3-6。

表 3-6　　　　　　　　　　本書研究假設匯總

編號	研究假設
1	H1 參照群體作用正向影響品牌資產
2	H1a 信息性作用正向影響品牌資產
3	H1b 功利性作用正向影響品牌資產
4	H1c 價值表達性作用正向影響品牌資產
5	H2 參照群體作用負向影響感知風險
6	H2a 信息性作用負向影響感知風險
7	H2b 功利性作用負向影響感知風險
8	H2c 價值表達性作用負向影響感知風險
9	H3a 消費者遵從動機特徵在信息性作用和品牌資產之間具有調節作用
10	H3b 消費者遵從動機特徵在功利性作用和品牌資產之間具有調節作用
11	H3c 消費者遵從動機特徵在價值表達性作用和品牌資產之間具有調節作用
12	H4a 產品信息屬性在信息性作用和品牌資產之間具有調節作用
13	H4b 產品信息屬性在功利性作用和品牌資產之間具有調節作用
14	H4c 產品信息屬性在價值表達性作用和品牌資產之間具有調節作用
15	H5 參照群體作用正向影響品牌資產，感知風險充當仲介作用
16	H5a 信息性作用正向影響品牌資產，感知風險充當仲介作用
17	H5b 功利性作用正向影響品牌資產，感知風險充當仲介作用
18	H5c 價值表達性作用正向影響品牌資產，感知風險充當仲介作用

4 問卷設計與修正

本書第三章提出了參照群體對品牌資產的影響機制理論模型與研究假設，接下來需要對模型中涉及的變量進行精確測量和對提出的假設進行嚴謹的實證檢驗。本章主要是為變量測量做準備。首先根據研究的目的設計問卷內容，其次對前測問卷進行項目分析、效度檢驗和信度檢驗，最終確定正式調查問卷，為接下來的大樣本實證檢驗奠定基礎。

4.1 問卷設計

問卷調查法是管理學定量研究中最普及的方法[①]，其實用性主要體現在可以快速有效地收到高質量研究數據，且可行性高、成本低廉。要想保證數據的信度和效度，就需進行合理的問卷設計。

4.1.1 問卷設計的原則

本書在假設驗證中的分析數據是通過發放問卷收集的，因而問卷設計直接影響本書研究的結論。為了設計出科學有效的問卷，榮泰生（2005）[②]提出在問卷設計時，必須遵循以下原則：

（1）問卷設計的問題要與研究內容的概念框架一致，應基於研究涉及的變量和邏輯來設計問卷問題，問卷必須與調查主題緊密相關。違背了這一點，再漂亮或精美的問卷都是無益的。而所謂的「問卷體現調查主題」，

---

① 陳曉萍，徐淑英，樊景立. 組織與管理研究的實證方法 [M]. 北京：北京大學出版社，2008.

② 榮泰生. 企業研究方法 [M]. 北京：中國稅務出版社，2005.

其實質是在問卷設計之初要找出與「調查主題相關的要素」。

（2）問卷調查的問題必須簡單明了，易於被調查者回答。在對問卷設計的問題進行闡述的過程中盡量避免使用一些枯燥無味、不好理解的專業術語。問題設計需考慮命題是否準確，提問是否清晰明確、便於回答，被訪者是否能夠對問題做出明確的回答，等等。

（3）盡量避免出現個人的隱私問題，如果不是研究的必要項，在調查問卷的設計過程中盡量不涉及個人的隱私問題，以免被調查者因擔心隱私洩露而不填寫自己的真實情況。

（4）如果被調查者在回答前面的問題時出現錯誤，不能影響後面問題的正確性。問卷的設計要有整體感，這種整體感即問題與問題之間要具有邏輯性，獨立的問題本身也不能出現邏輯上的謬誤。問題設置緊密相關，調查者才能夠獲得比較完整的信息。調查對象也會感到問題集中、提問有章法。相反，假如問題是發散的、帶有意識流痕跡的，問卷就會給人以隨意性而不是嚴謹性的感覺。那麼，將市場調查作為經營決策的一個科學過程的企業就會對調查失去信心。因此，邏輯性的要求是與問卷的條理性、程序性分不開的。在一個綜合性的問卷中，調查者需將差異較大的問卷分塊設置，從而保證每個分塊的問題都密切相關。

（5）開放性問題和封閉性問題要區分清楚，問卷中的有些問題是需要被調查者選擇的，有些問題是需要被調查者根據自身情況填寫的，在設計的時候，一定要明確問題的性質，得到調研需要的數據。成功的問卷設計除了考慮到緊密結合調查主題與方便信息收集外，還要考慮到調查結果的容易得出和調查結果的說服力。這就需要考慮到在問卷調查後的整理與分析工作。

（6）在大規模樣本調查前要進行預測試，因為不知道問卷的質量好壞，所以在大規模樣本調研之前，先做個預測試，以此來對問卷的質量進行評估。如果問卷存在問題，還可以進行修改，避免因質量不高的問卷帶來大規模樣本調查的損失。

4.1.2 問卷設計的結構

1. 研究產品的選擇

為了揭示產品信息屬性在參照群體影響品牌資產的過程中具有調節作用，首先要選出不同信息屬性產品的代表。本書涉及兩類產品，搜索型產

品和體驗型產品。研究產品選擇的標準有兩個：第一，這類產品是消費者會經常用到的；第二，這類產品在以往的研究中經常被用來作為分析的產品類別。

基於已有研究的產品選擇經驗，如表4-1所示，搜索型產品選擇比較多的是數碼產品和家電，所以本書選擇消費者大都會使用的手機；體驗型產品大多是服務產品，所以本書選擇旅遊產品作為研究對象。本書針對手機和旅遊兩種產品設計A、B兩套問卷，A卷的被測產品是手機，B卷的被測產品是旅遊。每套問卷設計的測量題項內涵相同。

表4-1　　　　　研究搜索型產品和體驗型產品的選擇

研究者	搜索型產品	體驗型產品
劉芳芳，王琦（2012）	打印機、優盤、數碼相機	面霜、小說、DVD
安穎（2005）[1]	衣服、家具、書籍、網上機票預訂、服裝	香水、餐飲、旅遊、電信
李宗偉，張豔輝（2013）[2]	洗護、清潔劑、數碼相機、平板電腦、品牌手錶、大家電	住宅家具、童裝、特價酒店、女士內衣、餐飲美食

2. 問卷的結構

問卷的基本結構一般包括給被調查者的說明信、調查的內容、背景部分和結束語四個部分。一套問卷中的核心部分是市場調查的內容，它是必不可少的。而說明信、編碼和結束語則是可以根據市場調查設計者的需要進行選擇。本書的調查問卷主要包括四部分：

（1）說明信

Dillman（1978）[3] 提出，在調查問卷的正式內容開始之前，為了讓被調研者瞭解調研目的，調研者會有一個簡短的說明。說明信主要包括問候語、填表說明、問卷編號等內容。不同的問卷的開頭部分會有一定的差別。

①問候語。問候語也叫問卷說明，其作用是引起被調查者的興趣和重視，消除調查對象的顧慮，激發調查對象的參與意識，以爭取他們的積極

---

[1] 安穎. 網路營銷環境下顧客忠誠的研究：產品類別的調節作用 [D]. 成都：電子科技大學，2005.

[2] 李宗偉，張豔輝. 體驗型產品與搜索型產品在線評論的差異性分析 [J]. 現代管理科學，2013（8）：42-45.

[3] Dillman D A. Mail and Telephone Surveys: the Total Design Method [M]. New York: Wiley-Interscience, 1978.

合作。一般問候語中的內容包括稱呼、問候、訪問員介紹、調查目的、調查對象作答的意義和重要性、說明回答者所需花費的時間、感謝語等。問候語一方面要反應以上內容，另一方面要求盡量簡短。

②填寫說明。在自填式問卷中要有詳細的填寫說明，讓被調查者知道如何填寫問卷，如何將問卷返回到調查者手中。

③問卷編號。主要用於識別問卷、調查者以及被調查者姓名和地址等，以便於校對檢查、更正錯誤。

(2) 調查內容

調查內容，也是問卷的核心部分。它包括了所要調查的全部問題，主要由問題和答案組成。

①問卷設計的過程其實就是將研究內容逐步具體化的過程。根據研究內容先確定好樹干，然後再根據需要，為樹干設計分支，每個問題就像樹干上的樹葉，最終構成一棵樹。因此在整個問卷樹的設計之前，應該有總體上的大概構想。

②主體問卷的分塊設置。在一個綜合性的問卷中，我們通常將差異較大的問卷分塊設置，從而保證了每個問題相對獨立，整個問卷的條理也更加清晰，整體感更加突出。

③主體問卷設計應簡明、內容不宜過多、過繁，應根據需要而確定，避免可有可無的問題。

④問卷設計要具有邏輯性和系統性，一方面可以避免信息的遺漏，另一方面調查對象也會感到問題集中、提問有章法。相反，假如問題是發散的、隨意性的，問卷就會給人以思維混亂的感覺。

⑤問卷題目設計必須有針對性，明確被調查人群，適合被調查者身分，必須充分考慮受訪人群的文化水平、年齡層次等；措辭上也應該進行相應的調整，比如面對家庭主婦做的調查，在語言上就必須盡量通俗，而對於文化水平較高的城市白領，在題目和語言的選擇上就可以提高一定的層次。只有在這樣的細節上綜合考慮，調查才能夠達到預期的效果。

本書的調研問卷共包含五大部分內容：

第一部分，問卷說明和甄選部分。本書的目的在於研究參照群體對品牌資產的影響機制。但是，在現實生活中，並非所有的消費者都對填寫問卷熟悉。所以，首先，在問卷說明階段，調研者需對問卷填寫進行說明；然後，問被調研者是否正在使用手機或者近三年是否旅遊過，如果被調研者沒有購買或使用過手機或者沒有旅遊，則不符合本研究的採樣，將被過濾掉；接著，填寫被調研者最熟悉或喜歡的手機品牌是什麼，旅遊地點是

哪裡，並以此作為本次調研的對象，消費者根據對此品牌手機和此旅遊地的真實感受進行填寫。

第二部分，參照群體作用的測量。該部分要求被調研者根據實際情況對其購買或使用該品牌手機或選擇旅遊目的地的過程中受參照群體信息性作用、功利性作用和價值表達性作用情況進行打分，有14道問題，全部采用5分Likert量表，分為完全不同意至完全同意五個選項，並分別給予1~5分，分數越高表示對問題的同意程度越高。

第三部分，感知風險的測量。該部分要求被調研者根據實際情況對其下次購買該品牌手機或選擇旅遊目的地的過程中的財務風險、功能風險、身體風險、心理風險、社會風險進行打分，有12道問題，全部采用5分Likert量表，分為完全不同意至完全同意五個選項，並分別給予1~5分，分數越高表示對問題的同意程度越高。

第四部分，品牌資產的測量。該部分要求被調研者根據要求結合自身購買和使用品牌手機或去旅遊地的經歷，對所選品牌手機和旅遊目的地的感知質量、品牌情感、品牌忠誠和溢價購買意願具體情況進行打分，有12道問題，全部采用5分Likert量表，分為完全不同意至完全同意五個選項，並分別給予1~5分，分數越高表示對問題的同意程度越高。

第五部分，被調研者遵從動機的測量。該部分要求被調研者根據實際情況對其遵從動機進行打分，有3道問題，全部采用5分Likert量表，分為完全不同意至完全同意五個選項，並分別給予1~5分，分數越高表示對問項的同意程度越高。

（3）背景部分

背景部分通常放在問卷的最後，主要是有關被調查者的一些背景資料，調查單位要對其保密。該部分所包括的各項內容，可作為對調查者進行分類的比較的依據。被調研者的個人背景信息，包括性別、年齡、婚姻狀況、受教育程度、年收入和所在城市等內容。

（4）結束語

結束語是整份問卷的最後部分，本研究的結束語包括以下內容：第一，對被調查者參與調查、填寫數據的感謝；第二，提醒被調查者請檢查有無漏答題目；第三，在預測問卷中有徵詢被調查者對調查問卷的感受的開放性題目，瞭解被調查者對問卷設計和調查本身的感受。

4.1.3　問卷設計的程序

本研究問卷涉及的變量包括參照群體作用（信息性作用、功利性作用

和價值表達性作用)、感知風險(績效風險、財務風險、身體風險、社會風險和心理風險)、品牌資產(感知質量、品牌情感、品牌忠誠和溢價支付意願)、遵從動機和產品信息屬性。本研究的問卷設計的程序見圖 4-1,主要包括文獻回顧、題項翻譯、專家甄別、小規模訪談和預測試五個階段。

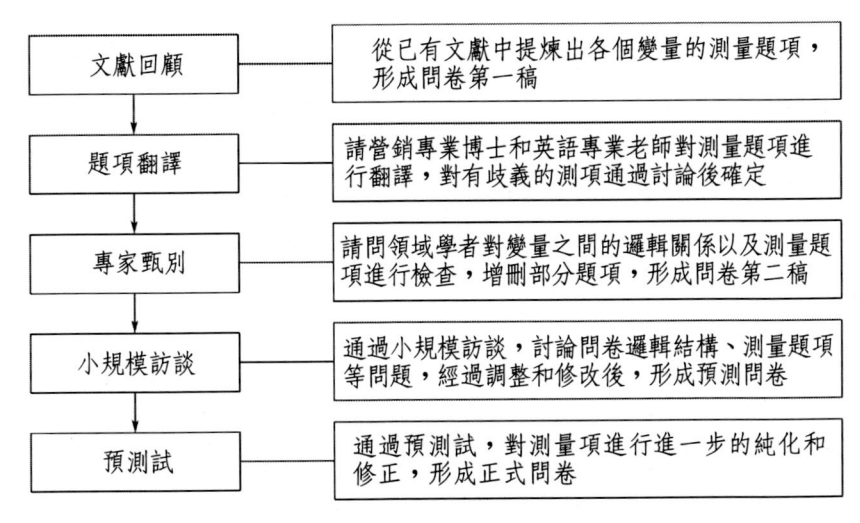

```
文獻回顧 ──→ 從已有文獻中提煉出各個變量的測量題項,形成問卷第一稿

題項翻譯 ──→ 請營銷專業博士和英語專業老師對測量題項進行翻譯,對有歧義的測項通過討論後確定

專家甄別 ──→ 請問領域學者對變量之間的邏輯關係以及測量題項進行檢查,增刪部分題項,形成問卷第二稿

小規模訪談 ──→ 通過小規模訪談,討論問卷邏輯結構、測量題項等問題,經過調整和修改後,形成預測問卷

預測試 ──→ 通過預測試,對測量項進行進一步的純化和修正,形成正式問卷
```

圖 4-1　問卷設計的程序

1. 文獻回顧

通過對參照群體作用、感知風險、品牌資產和遵從動機等方面相關文獻的回顧,在考慮本研究概念的界定和維度劃分、研究對象的一致性、原始量表的信度和效度、實證研究廣泛引用的情況下,提煉出各個變量(信息性作用、功利性作用、價值表達性作用、績效風險、財務風險、身體風險、社會風險、心理風險、感知質量、品牌情感、品牌忠誠和溢價支付意願、遵從動機)的測量題項,形成設計問卷的英文版。

2. 題項翻譯

文獻回顧所涉及變量的測量題均源於西方文獻,即使其信度與效度已經過良好驗證,但由於文化上、時間上和語言上的局限,不方便進行研究。所以,本研究在將英文測量題項轉換成中文題項的過程中,採用了倒譯法(McGorry, 2000)。首先,請兩位營銷專業博士將英文測量題項翻譯為中文測量題項,對於有歧義的中英文測量題項通過大家討論後再確定。然後,請兩位英語專業的老師將翻譯好的中文測量題項翻譯成英文測量題項。本人再將英語專業老師翻譯的英文測量題項與原始問卷進行對比,對

其中表達一致或表達不太相同但意義很相近的測量題項允許通過，而對於中英文表述不一致的測量題項、較大差異題項的中文測量題項，再次進行回譯，直到形成本研究的初始問卷。

3. 專家甄別

對於本研究的初始問卷，本研究請3位博士生和2位營銷專業老師對研究變量之間的邏輯關係以及問卷設計的測量題項是否能夠有效地測量研究變量進行了檢查，並對部分題項進行增刪，形成問卷第二稿。

4. 小規模訪談

通過小規模的訪談來修改問卷是問卷設計的必經之路①。基於此，本研究發放10份問卷進行初步測試，以檢驗問卷量表的語句以及相關問題，問卷發放的對象是5名大學生和5名企業員工，使其逐題閱讀問卷，提出其中表述有疑問的題項。小規模訪談主要包括以下幾個方面：①題項是否符合實際背景；②題項是否通俗易懂；③題項是否明確簡潔；④題項是否會得到不誠實的回答；⑤題項是否有暗示成分；⑥題項是否設計太多。通過與小規模訪談對象的交流，討論問卷邏輯結構是否有問題、題項設計是否與其消費真實情況一致以及是否存在理解上的偏差等問題。經過小規模訪談，使整套問卷的語言通順、語義清晰和語句簡潔，形成本研究的初始問卷。

5. 小測試

本研究對240名消費者進行預測試，並測量回答問卷需要的時間，根據被調查者反應的情況，使用SPSS17.0軟件，並對測量題項進行進一步的純化和修正，形成問卷第四稿，也就是大規模樣本調查的正式問卷。

4.2 變量的測量

根據第三章闡述的模型和假設，本書研究共涉及14個變量。其中自變量參照群體作用包括信息性作用、功利性作用和價值表達性作用3個變量；因變量是品牌資產，包括感知質量、品牌情感、品牌忠誠和溢價支付意願4個變量；仲介變量是感知風險，包括績效風險、財務風險、身體風險、社會風險和心理風險5個變量；調節變量包括消費者遵從動機和產品信

---

① 馬慶國. 數據獲取、統計原理、SPSS工具與應用 [M]. 北京：科學出版社，2002.

屬性 2 個變量。

本書採用李克特的五點尺度量表進行題項測量，分值表示被試者對所測題項的同意程度，最小值是 1，最大值是 5。其中 1 代表完全不同意，2 代表比較不同意，3 代表不確定，4 代表比較同意，5 代表完全同意。

量表的產生有兩種來源[1]，一是開發全新量表，二是使用或修改已有量表。因為本書涉及的變量研究相對較為成熟，所以本書採用後者。為了問卷設計測量項目的科學有效性，本書遵循了陳璟菁（2013）[2] 提出的原則：

(1) 概念化和操作化原則

問卷設計的測量項目首先是對所研究變量的概念正確全面的理解，完成對研究變量的概念化（Churchill，1979）[3]，這需要研究者基於研究對象，構建對研究變量合理的理論測量框架；其次是在對研究變量概念化的基礎上設計測量項目，設計的測量項目一定是可操作的、具體的。

(2) 代表性原則

無論是開發全新變量，還是修改已有變量，研究變量的測量題目一定要有代表性（Churchill，1979）[4]。本研究涉及的測量變量的測量題項源自已有的研究文獻，且被國內外學者進行了驗證，具有一定的代表性。

(3) 多項目測量原則

對於測量研究變量的項目，有的學者採用單條項目測量，有的學者採用多條項目測量。但是 Nunnally 和 Bernstein（1994）指出在市場營銷學和心理學的文獻中，人們開始質疑單條項目測量的有效性，越來越傾向於使用多條測量項目來測量研究變量[5]。因此，研究變量的測量量表構成中，應該至少有兩個以上的測量項目（Churchill，1979）[6]。本書遵循這一原則，根據研究變量的情況，每個研究變量的測量題項都在三個或者三個以上。

(4) 信度和效度原則

信度是測量題項的可靠性，效度是測量題項的準確性。信度和效度代

---

[1] 王重鳴. 心理學研究方法 [M]. 北京：人民教育出版社，1990.

[2] 陳璟菁. 顧客參與影響新服務開發績效的機制研究：以組織學習為仲介變量 [D]. 南京：南京理工大學，2013.

[3] Churchill G A. A Paradigm for Development Better Measures of Marketing Construct [J]. Journal of Marketing Research，1979，16（1）：64-73.

[4] Churchill G A. A Paradigm for Development Better Measures of Marketing Construct [J]. Journal of Marketing Research，1979，16（1）：64-73.

[5] Nunnally J C，Bernstein I H. Psychometric theory [M]. New York：McGraw-Hill，Inc，1994.

[6] 王永貴. 市場營銷辭典 [M]. 北京：化學工業出版社，2009.

表測量題項能夠準確測量研究變量，而且重複測量得到的結果也是一致的。在市場調查中，測量的題項具有很好的信度和效度才能夠進行後面的假設驗證，才能得出科學的研究結果。本書在測量題項設計中，選擇了信度和效度較高的測量量表。

（5）客觀性原則

測量研究變量的項目，應該是調查被調查者的客觀情況，不應該引導被調查者做出某種選擇，因為這會導致數據不真實，影響後面的數據分析和研究結論。因此，本書在相關變量的測量題項設計中，注意表達方式和語氣，避免誤導被調查者。

4.2.1 參照群體作用的測量

參照群體作用是一個多維度構念，關於參照群體作用的構成維度，主要有兩種代表性劃分。Park 和 Lessig（1977）將參照群體作用分為信息性作用、功利性作用和價值表達性作用三個維度，其中信息性作用由 5 個測量題項構成，功利性作用由 4 個測量題項構成，價值表達性作用由 5 個測量題項構成，研究將學生作為樣本對設計問卷進行再測信度檢驗的結果是 14 個測量題項前測與再測結果的相關係數為 0.56~0.91，且在 0.001 水平下均顯著。國內外學者在隨後的實證研究中使用了該量表（Bearden & Etzel，1982；Brinberg & Plimpton，1986；姜凌，2009），證明了該量表題項具有良好的信度和效度。Deutsch 和 Gerard（1955）將參照群體作用分為信息性作用和規範性作用兩個維度，信息性作用由 4 個測量題項構成，規範性作用由 8 個測量題項構成，其中信息性作用 Alpha 系數為 0.88，結構信度為 0.89，再測信度為 0.79；規範性作用 Alpha 系數為 0.82，結構信度為 0.82，再測信度為 0.75。

1989 年，Bearden，Netemeyer 和 Teel 設計開發了 12 個題項的二維度量——規範性影響與信息性影響，測量消費者受參照群體影響的傾向。在這個二維度結構下，規範性人際影響由 8 個題項構成，Alpha 系數為 0.82，結構信度為 0.82，再測信度為 0.75；信息性人際影響由 4 個題項構成，Alpha 系數為 0.88，結構信度為 0.89，再測信度為 0.79。

通過對國內外學者設計的參照群體作用測量題項的梳理發現：第一，Park 和 Lessig（1977）的測量量表關注消費者進行產品和品牌購買決策時，會受到哪些參照群體的作用，受到的參照群體作用有哪些，而 Bearden 等（1989）的測量量表更多關注消費者受參照群體的哪些作用，涉及的參照群體類型較少；第二，Park 和 Lessig（1977）的測項量表和測量題項比較

成熟，且被學者們廣泛接受和沿用。故結合本研究目的，主要採用 Park 和 Lessig（1977）的測量題項，其中信息性作用由 5 個測量題項構成，功利性作用由 4 個測量題項構成，價值表達性作用由 5 個測量題項構成，共 14 個測量題項。具體內容見表 4-2 參照群體作用的測量量表。

表 4-2　　　　　　　　　參照群體作用的測量量表

變量	測量指標	文獻來源
信息性作用	您會從說明書或專家處獲取該產品的信息	Park 和 Lessig（1977）
	您會從行業工作人員（如銷售員）那收集信息	
	您會向具有該產品可靠信息的朋友、親戚、鄰居或同事那獲取品牌信息和使用經驗	
	該產品是否具有權威獨立機構的認證會影響您的選擇	
	專業人士（如維修人員、研發人員）使用的品牌會影響你的購買選擇	
功利性作用	我購買和使用該品牌會受到同事、朋友偏好的影響	
	我購買該品牌會受到社交圈子偏好的影響	
	我購買該品牌會受到家人偏好的影響	
	我購買該品牌是為了符合他人的期望	
價值表達性作用	我感覺購買和使用這個品牌會提高我在他人心中的形象	
	我感覺購買和使用這個品牌的人會擁有喜歡的個性特徵	
	我有時覺得像該品牌廣告中展示的那樣的人挺好	
	我感覺購買該品牌會受到他人的羨慕或尊敬	
	我感覺購買該品牌會幫助我向其他人展示真正的我或者我想成為的人	

4.2.2　品牌資產的測量

品牌資產是一個多維度概念，關於品牌資產的構成維度，不同的學者基於不同的研究目的，有著不同的研究。Yoo 和 Donthu（2001）將品牌資產劃分為感知質量、品牌知名/品牌聯想、品牌忠誠三個維度，其中感知質量包括 2 個測量題項、品牌知名/品牌聯想包括 5 個測量題項、品牌忠誠包括 3 個測量題項，有較高的信度和效度。Chaudhuri 和 Holbrook（2001、2002）將品牌資產分為品牌信任、品牌情感、態度忠誠和行為忠誠，品牌信任包括 4 個測量題項、品牌情感包括 3 個測量題項、態度忠誠包括 2 個測量題項，行為忠誠包括 2 個測量題項。其中品牌信任 Alpha 系數為 0.81，品牌情感的 Alpha 系數為 0.96，態度忠誠的 Alpha 系數是 0.83，行為忠誠的 Alpha 系數是 0.90，有較高的信度和效度。Netemeyer 等（2004）將品牌資產分為感知品質/感知價值、品牌獨特性和溢價購買意願三個維度，

感知品質/感知價值包括 8 個測量題項，品牌獨特性包括 4 個測量題項，溢價購買意願包括 4 個測量題項，各維度的 Alpha 系數均大於 0.70，有較高的信度和效度。

本書通過對國內外關於品牌資產測量題項的梳理發現：品牌資產的構成維度研究經歷了從最開始的基於顧客角度到市場產出角度，直到基於顧客和市場綜合角度的研究過程。故本書主要借鑑 Yoo 和 Donthu（2001）、張峰（2011）、Netemeyer 等（2004）的研究，站在市場營銷者的角度，從顧客和市場兩方面綜合考慮，將品牌資產的維度分為感知質量、品牌情感、品牌忠誠和溢價支付意願四個主要維度。

對於四個指標的測量量表，是在現有文獻研究的基礎上開發的，品牌情感量表主要借鑑了 Chaudhuri 和 Holbrook（2001、2002）的測量量表，包括 3 個測量題項；感知質量和品牌忠誠主要借鑑了 Yoo 和 Donthu（2001）的量表，每個包括 3 個測量題項；溢價支付意願主要借鑑了 Netemeyer 等（2004）的量表，包括 3 個測量題項，一共包括 12 個測量題項（如表 4-3 所示）。

表 4-3　　　　　　　　　　品牌資產的測量量表

變量	測量指標	文獻來源
感知質量	我認為該品牌質量很好	Yoo 和 Donthu（2001）
	我認為該品牌具有很好的功能	
	我認為該品牌的質量在同類產品中是一流的	
品牌情感	當我使用這個品牌時，感覺真好	Chaudhuri 和 Holbrook（2001、2002）
	這個品牌讓我高興	
	這個品牌讓我愉快	
品牌忠誠	我認為自己對此品牌是忠誠的	Yoo 和 Donthu（2001）
	此品牌是我的首選	
	如果商店裡有此品牌我不會購買其他品牌	
溢價支付意願	與普通品牌相比，我願意付較高的價錢來買這個品牌	Netemeyer, Krishnan 和 Pullig（2004）
	只有這個品牌的價格提得很高的時候，我才會去選購其他品牌	
	我可以支付比其他品牌高出很多的價錢來買這個品牌	

4.2.3 感知風險的測量

感知風險是一個多維變量，Joeoby 和 Kaplan（1972）研究的五種感知風險構面，即財務風險、功能風險、心理風險、身體風險、社會風險對整體風險的解釋度達 73%。

Stone 和 Gronhaug（1993）的實證研究證實感知風險由功能風險、財務風險、心理風險、身體風險、社會風險、時間風險六維度組成，對總體風險的涵蓋和解釋度高達 88.8%，功能風險包括 3 個測量題項，財務風險包括 3 個測量題項，身體風險包括 3 個測量題項、社會風險包括 3 個測量題項、時間風險包括 3 個測量題項，共 15 個測量題項。其中功能風險 Alpha 系數 0.750、財務風險 Alpha 系數 0.762、心理風險 Alpha 系數 0.810、身體風險 Alpha 系數 0.591、社會風險 Alpha 系數 0.715、時間風險 Alpha 系數 0.657。

本書是測量消費者對已有消費的手機品牌、旅遊目的地的感知風險，考慮到兩種產品之前相關研究涉及的感知風險構成維度和消費者的關注點、各個風險之間的相關性，以及各維度風險的信度情況，在本書中，感知風險五個維度包括財務風險、功能風險、安全風險、社會風險和心理風險。感知風險的測量量表的測量題項主要借鑑了 Stone 和 Gronhaug（1993）[1]的成果，財務風險有 3 個測量題項、功能風險有 3 個測量題項、安全風險有 3 個測量題項、社會風險有 3 個測量題項、心理風險有 3 個測量題項，共包括 15 個測量題項。

表 4-4　　　　　　　　　　感知風險的測量量表

變量	測量指標	文獻來源
功能風險	我擔心該品牌手機達不到預期效果	Stone 和 Gronhaug（1993）
	我擔心該品牌手機的功能和品質不如所述的好	
	我擔心該品牌手機的可靠性	
財務風險	我擔心產品價格高於同類市場價格	Stone 和 Gronhaug（1993）
	我擔心花錢買該品牌手機是錯誤的	
	我擔心該品牌手機不值這麼多錢	

---

[1] Stone R N, Gronhaug K. Perceived risk: Further considerations for the marketing discipline [J]. European Journal of Marketing, 1993, 27 (3): 39-50.

表4-4(續)

變量	測量指標	文獻來源
安全風險	我擔心產品使用中有安全問題	Stone 和 Gronhaug（1993）
	我擔心使用該品牌手機會帶來身體不適	
	我擔心使用該品牌手機會給身體帶來潛在危險	
社會風險	我擔心使用該品牌手機自尊心會受到影響	Stone 和 Gronhaug（1993）
	我擔心使用該品牌手機別人會認為在炫耀	
	我擔心使用該品牌手機別人認為不明智	
心理風險	我擔心使用該品牌手機心裡不舒服	Stone 和 Gronhaug（1993）
	我擔心使用該品牌手機帶來不必要的焦慮	
	我擔心使用該品牌手機帶來不必要的緊張	

4.2.4 遵從動機的測量

遵從動機是個體接受他人價值觀的意願。遵從動機會對個體的態度和行為產生影響，本研究對於遵從動機的測量題項來自 Bearden，Netemeyer 和 Teel（1989）的研究，包括3個測量題項，具體闡述見表4-5。

表4-5　　　　　　遵從動機的測量量表

變量	測量指標	文獻來源
遵從動機	購買產品，我會非常願意接受好友/同學的建議	Bearden，Netemeyer 和 Teel（1989）
	購買產品，我會考慮好友/同學的建議	
	購買產品，我考慮好友/同學建議的程度很強	

綜上，可以輸理出本書前測問卷中量表的題項代碼、題項內容及所屬構面，具體見表4-6。

表4-6　　前測問卷中量表的題項代碼、題項內容及所屬構面

題目	編號	題項	所屬構面
篩選題目	S1	請問您是否在使用手機	
	S2	選擇您正在使用的手機品牌，如果您同時使用多個手機，請選擇您最熟悉的一個品牌	

表4-6(續)

題目	編號	題項	所屬構面
參照群體作用	GI1	您會從產品說明書或專家處獲取手機的信息	信息性作用
	GI2	您會從手機行業工作人員（如銷售員）那收集信息	
	GI3	您會向具有該品牌手機可靠信息的朋友、親戚、鄰居或同事那獲取品牌信息和使用經驗	
	GI4	該品牌手機是否具有權威獨立機構的認證會影響您的選擇	
	GI5	手機專業人士（如維修人員、研發人員）使用的手機品牌會影響你的購買選擇	
	GI6	我購買該品牌手機會受到家庭成員偏好的影響	功利性作用
	GI7	您購買和使用該品牌手機是受同事偏好的影響	
	GI8	您購買該品牌手機是受自己社交圈的人們偏好的影響	
	GI9	您購買該品牌手機符合他人對您的期望	
	GI10	您覺得購買和使用該品牌手機會提升您的形象	價值表達性作用
	GI11	您覺得購買和使用該品牌手機的人們具有您想擁有的個性特點（如時尚、另類、低調等）	
	GI12	您覺得如果能成為該品牌手機代言人那樣的人也不錯	
	GI13	您覺得購買該品牌手機可以獲得他人的羨慕和尊敬	
	GI14	您覺得購買該品牌手機可以幫助您向他人展示您是什麼樣的人或想成為什麼樣的人	
感知風險	PR1	我擔心該品牌手機達不到預期效果	功能風險
	PR2	我擔心該品牌手機的功能和品質不如所述的好	
	PR3	我擔心該品牌手機的可靠性	
	PR4	我擔心產品價格要高於同類市場價格	財務風險
	PR5	我擔心花錢買該品牌手機是錯誤的	
	PR6	我擔心該品牌手機不值這麼多錢	
	PR7	我擔心產品使用中有安全問題	安全風險
	PR8	我擔心使用該品牌手機會帶來身體不適	
	PR9	我擔心使用該品牌手機會給身體帶來潛在危險	
	PR10	我擔心使用該品牌手機自尊心會受到影響	社會風險
	PR11	我擔心使用該品牌手機別人會認為在炫耀	
	PR12	我擔心使用該品牌手機別人認為不明智	
	PR13	我擔心使用該品牌手機心裡不舒服	心理風險
	PR14	我擔心使用該品牌手機帶來不必要的焦慮	
	PR15	我擔心使用該品牌手機帶來不必要的緊張	

表4-6(續)

題目	編號	題項	所屬構面
品牌資產	BE1	該品牌手機的質量很好	感知質量
	BE2	該品牌手機具有很好的功能	
	BE3	該品牌手機的質量在同類產品中是一流的	
	BE4	當您使用該品牌手機時，感覺很好	品牌情感
	BE5	使用該品牌手機讓您高興	
	BE6	使用該品牌手機讓您愉快	
	BE7	您認為自己對該品牌手機是忠誠的	品牌忠誠
	BE8	該品牌手機是您的首選之一	
	BE9	如果能買到該品牌手機，您不會轉換品牌	
	BE10	儘管價格比普通品牌高，您仍願購買該品牌手機	溢價支付意願
	BE11	儘管價格上漲，您仍願購買該品牌手機	
	BE12	即使該品牌價格較高，但您認為合理並願意購買	
遵從動機	MC1	購買產品，我會非常願意接受好友/同學的建議	
	MC2	購買產品，我會考慮好友/同學的建議	
	MC3	購買產品，我考慮好友/同學建議的程度很強	
個人信息	PI1	您的性別	
	PI2	您的年齡	
	PI3	您的學歷	
	PI4	您的職業	
	PI5	您的年收入	
	PI6	您目前的學習、工作的地點	

4.3 前測分析

在預測問卷完成後，要進行項目分析、效度檢驗和信度檢驗，以此作為編制正式問卷的依據。通過項目分析，可以檢驗問卷設計對研究變量的整體量表和單個題項的可靠程度，以此來作為對整體量表的單個測量題項篩選或修改的依據。信度檢驗和效度檢驗是檢核整份量表或包含多個題項

的層面或構念的可靠性[①]。

4.3.1 前測分析的方法

1. 項目分析

吳明隆（2010）提出項目分析的判別指標主要有以下幾種，各判別指標的判別標準如表4-7信度檢驗判斷標準所示。

（1）決斷值CR

決斷值CR，又名臨界比，是用來檢驗測量量表中哪些題項需要刪除或者修改。它的理念是如果測量量表中的一個測量題項是較好的。它在27%高分組和27%低分組，則這道測量題項應該是有差異的，即測量題項的平均數的差異顯著。如果差異不顯著，說明這條測量題項不能描述不同被調查者的情況，應該刪除。

（2）與總分的相關係數

如果測量量表中的某個題項與量表總分的相關越強，則說明該測量題項與整體測量量表的同質性越高，在整體測量量表高效的情況下，該測量題項與所要測量變量更為接近。如果測量量表中的某個題項與量表總分的相關係數不顯著，或它與量表總分是弱相關，當相關係數小於0.4時，則說明該測量題項與整體測量量表的同質性較低，最好將該測量題項刪除。

（3）修正的項目總相關（CITC）

修正的項目總相關（CITC）表示的是量表中某一測量題項與其他題項加總後的積差相關。當某一測量題項修正的項目總相關（CITC）小於0.400時，說明該測量題項與量表其他測量題項的相關較弱，最好將該測量題項刪除。

（4）題項刪除後的 α 值

Cronbach's α 值，是內部一致性系數，當一份測量量表的每個題項都跟測試的變量接近時，α 值就會越高。題項刪除後的 α 值，是測量量表中某一測量題項刪除後，量表中其他測量題項組成測量量表的 α 值，如果在測量量表中刪除某一測量題項後，其他測量題項組成的量表的 α 值反而增加，這說明該測量題項與量表其他測量題項的相關較弱，可以考慮將此測量題項刪除。

（5）共同性

共同性，是量表中某個測量題項能解釋整份量表共同特質（屬性）的

[①] 吳明隆. 結構方程模型——AMOS 的操作和應用［M］. 重慶：重慶大學出版社，2010.

變異量。某一測量題項的共同性越高，說明這一測量題項能測量到量表需要測量的心理特質的程度越高。在測量量表中的某個測量題項的共同性較低，說明該測量題項整個量表的共同性較少，可以考慮刪除該題項。

（6）因子載荷量

因子載荷量，是量表中某個測量題項與因子關係的程度。在測量量表中，某一測量題項在量表測量的共同因子的因子載荷量越高，表示題項與量表測量的共同因子的關係越密切。反之，某一測量題項在量表測量的共同因子的因子載荷量越低，表示該測量題項與量表測量的共同因子的關係較弱，可以考慮刪除該題項。

表 4-7　　　　　　　　　　　信度檢驗判斷標準

題項	極端組比較	題項與總分相關		同質性檢驗		
	決斷值	題項與總分相關	校正題項與總分相關 CITC	題項刪除後的 α 值	共同性	因子載荷量
判斷標準	≥3.000	≥0.400	≥0.400	≤量表信度值	≥0.2	≥0.45

資料來源：吳明隆. 結構方程模型——AMOS 的操作和應用［M］. 重慶：重慶大學出版社，2010.

2. 效度分析

效度是指測量量表在多大程度上能夠測到所欲測量的心理或行為特質（吳明隆，2010）。測量效度的評價指標主要包括內容效度和結構效度（李懷祖，2004）。

（1）內容效度

內容效度是檢測量表及其測量題項的代表性和適合性，也就是測量題項是否能夠反應研究所要測量的心理特質或行為構念。變量測量的內容效度[①]的評價有定性和定量的方法（徐小萍，2008），本研究採用定性的方法，通過文獻分析和訪談，對測量題項的代表性和綜合性進行評估。首先，本研究所涉及的參照群體作用、感知風險、品牌資產和遵從動機變量的測量題項，是在已有相關文獻的梳理和分析的基礎上，結合本次研究的對象和目的，通過修正來確定本研究的量表題項。其次，對確定的量表題項，本研究請 3 位營銷專業博士生和 2 位營銷專業的老師對測量題項能否有效地測量研究變量以及措辭進行了檢查。所以，本研究的量表及其測量

---

① 陳曉萍，徐淑英，樊景立. 組織與管理研究的實證方法［M］. 北京：北京大學出版社，2008.

題項的內容效度較高。

（2）結構效度

結構效度是測量量表的測量題項與本研究涉及變量理論構念的一致性水平。在結構效度的測量中，主要有收斂效度和區分效度兩方面（Bock & Kim，2002）。收斂效度是指在通過不同方式測量一個變量時，所觀測到的數值之間應該高度相關。區分效度是在應用不同的方法來測量不同變量時，所觀測到的數值之間應該是有所區別的。

對於結構效度的檢驗，本研究採用因子分析法。其中，因子分析法的前提是研究變量之間的相關性較高。也就是，只有研究變量之間的相關性較高時，才可以進行因子分析。本研究相關性檢驗通過 Kaiser-Meyer-Olkin（KMO）適當性檢驗和 Bartlett's 球形檢驗，來判斷問卷收集的數據是否可以使用因子分析法（馬慶國，2002）。對於 KMO 適當性檢驗，具體判斷標準如表 4-8 *KMO* 的判斷標準。對於 Bartlett's 球形檢驗，當 *Bartlett's* 統計值的顯著性概率，小於等於 α（0.05）時，就可以對數據進行因子分析（馬慶國，2002）。

表 4-8　　　　　　　　　　*KMO* 的判斷標準

KMO 統計量值	判別說明	因子分析適切性
0.90 以上	非常適合進行因子分析	極好的
0.80 以上	適合進行因子分析	良好的
0.70 以上	尚可進行因子分析	適中的
0.60 以上	勉強進行因子分析	普通的
0.50 以上	不適合進行因子分析	欠佳的
0.50 以下	非常不適合進行因子分析	無法接受的

資料來源：馬慶國. 數據獲取、統計原理、SPSS 工具與應用［M］. 北京：科學出版社，2002.

（3）效度檢驗

本研究對於效度檢驗採用因子分析法，以特徵值大於 1 的標準來進行因子選擇。本研究在對收斂效度和區分效度進行題項篩選時，遵循如下幾條原則[1]：

第一，當測量量表的某一測量題項單獨構成一個因子時，因為不存在內部有效性，所以予以刪除；

第二，測量量表題項在所屬因子上的因子載荷量須大於 0.5，這樣才

---

[1] 查金祥. B2C 電子商務顧客價值與顧客忠誠度的關係研究［D］. 杭州：浙江大學，2006.

具有較好的收斂效度，否則將予以刪除；

第三，測量量表的題項在所屬因子的因子載荷量越趨於 1，在其他因子的因子載荷量越趨於 0 越好，這樣才具有良好的區分效度；

第四，當測量量表的某一測量題項在兩個甚至兩個以上因子的因子載荷量都大於 0.4 時，屬於橫跨因子現象，應該予以刪除；

第五，關於社會科學的測量精確度不像自然科學那麼高，所以在萃取後，如果保留下的因子的累積解釋變異量能夠達到 60% 以上，就說明萃取後保留的因子非常理想，即使保留下來的因子累積解釋變異量達到 50% 以上，萃取後保留的因素也是可以接受的（吳明隆，2010）。

3. 信度分析

信度最早由 Spearman 於 1904 年引入心理測量，是測量量表的一致性程度或可靠性程度（張文彤，2004）。信度的研究方法主要有重測法（the retesting method）、交替形式法（the alternative method）、對半法（the split-half method）和克朗巴哈系數法（Cronbach's Alpha）等。在社會科學領域中有關類似李克特量表的信度估計，採用最多者為克朗巴哈系數法（Cronbach's Alpha），克朗巴哈系數法（Cronbach's Alpha）又被稱為內部一致性 α 系數（Cronbach's α）。

在量表的信度檢驗中，對於達到多大數值才認為該問卷的信度較高，尚未有統一的標準，但是根據多數學者的觀點，任何測驗或量表的信度系數達到 0.9 以上，則該測驗或量表的信度甚佳；信度系數達到 0.8~0.9 是可以接受；信度系數在 0.7~0.8 則需要有較大修訂，但仍不失價值；如果小於 0.7，則應該棄之。具體概括見表 4-9 信度系數 Cronbach's α 與可信度高低對照表[①]。

表 4-9　　信度系數 Cronbach's α 與可信度高低對照表

信度系數 Cronbach's α	可信度
大於 0.9	甚佳
0.8~0.9	可以接受
0.7~0.8	需要修改
小於 0.7	棄之

資料來源：張文彤. SPSS 統計分析基礎教程［M］. 北京：高等教育出版社，2004.

---

① 張文彤. SPSS 統計分析基礎教程［M］. 北京：高等教育出版社，2004.

4.3.2 前測問卷的描述性統計

1. 前測樣本收集

基於研究內容和研究設計，本研究主要通過訪談調查和問卷調查兩種方式來收集研究所需數據。訪談調查主要是對本書研究模型的仲介變量的一個探索研究，問卷調查是對本書概念模型和研究假設的驗證性分析。其中，問卷調查法分預測試和正式調查兩個階段，其中預測試是在 2014 年 3 月進行，通過對朋友圈、工作圈以及網路郵件進行問卷發放進行。

2. 前測樣本的基本資料統計

對於問卷收集數據的處理，主要包括識別異常數據以及對缺失數據的處理。本研究預測試階段共收集到 240 份問卷，其中 64 份無效問卷，最終受到 176 份有效問卷，有效問卷的回收率為 62.6%。根據 Tinsley（1987）的建議，在前測階段，樣本數和量表題項數比例保持在 1：1 和 1：10 之間，本研究共有 4 個子量表，題項數為 49 個，有效預測樣本與題項之間符合前述準則，所以進行預測分析。

本研究前測回收的 176 份有效問卷，調查對象類型的具體數據統計和比例分布見表 4-10。從性別上看，有男性 79 份，佔有效樣本的比例為 44.89%，女性 97 份，佔有效樣本的比例為 55.11%。

表 4-10　　前測調查對象類型的統計表

消費者屬性	變量編碼	分類特徵	樣本數量	所占百分比(%)
性別	1	男性	79	44.89
	2	女性	97	55.11

從年齡上看，24 歲以下 30 份，佔有效樣本的比例為 17.05%；25~34 歲 120 份，佔有效樣本的比例為 68.18%；35~44 歲 21 份，佔有效樣本的比例為 11.93%；45 歲以上 5 份，佔有效樣本的比例為 2.84%。

表 4-11　　前測調查對象類型的統計表

消費者屬性	變量編碼	分類特徵	樣本數量	所占百分比(%)
年齡	1	24 歲以下	30	17.05
	2	25~34 歲	120	68.18
	3	35~44 歲	21	11.93
	4	45 歲以上	5	2.84

從學歷上看,高中以下 23 份,佔有效樣本的比例為 13.07%;專科 52 份,佔有效樣本的比例為 29.55%;本科 81 份,佔有效樣本的比例為 46.02%;研究生以上 20 份,佔有效樣本的比例為 11.36%。

表 4-12　　　　　　　　前測調查對象類型的統計表

消費者屬性	變量編碼	分類特徵	樣本數量	所占百分比(%)
學歷	1	高中以下	23	13.07
	2	專科	52	29.55
	3	本科	81	46.02
	4	研究生以上	20	11.36

從職業上看,學生 15 份,佔有效樣本的比例為 8.52%;公務員或事業單位員工 30 份,佔有效樣本的比例為 17.05%;企業員工 125 份,佔有效樣本的比例為 71.02%;私有或個體工商業主 6 份,佔有效樣本的比例為 3.41%。

表 4-13　　　　　　　　前測調查對象類型的統計表

消費者屬性	變量編碼	分類特徵	樣本數量	所占百分比(%)
職業	1	學生	15	8.52
	2	公務員或事業單位員工	30	17.05
	3	企業員工	125	71.02
	4	私有或個體工商業主	6	3.41

從年收入上看,5 萬以下 29 份,佔有效樣本的比例為 16.48%;5 萬~10 萬 93 份,佔有效樣本的比例為 52.84%;10 萬~20 萬 49 份,佔有效樣本的比例為 27.84%;20 萬以上 5 份,佔有效樣本的比例為 2.84%。

表 4-14　　　　　　　　前測調查對象類型的統計表

消費者屬性	變量編碼	分類特徵	樣本數量	所占百分比(%)
年收入	1	5 萬以下	29	16.48
	2	5 萬~10 萬	93	52.84
	3	10 萬~20 萬	49	27.84
	4	20 萬以上	5	2.84

4.3.3 前測問卷的項目分析和信度檢驗

1. 參照群體作用的項目分析

參照群體作用包括三個維度：信息性作用、功利性作用和價值表達性作用。本研究採用 SPSS17.0 軟件對參照群體作用的量表進行項目分析和信度檢驗，分析和檢驗的結果如表 4-15 參照群體作用的項目分析和信度檢驗所示。從表中可以看出，各個題項的決斷值在 5.411~13.830，均大於 3.000；與總分的相關係數在 0.409~0.525，均大於 0.4；校正題項與總分相關 CITC 在 0.405~0.741，均高於 0.4；刪除後的 α 值在 0.862~0.878，均小於 0.879；共同性在 0.211~0.683，均大於 0.2；因素載荷量在 0.423~0.826，均大於 0.4。所以，各個題項均通過了項目分析，都予以保留。

表 4-15　　　　參照群體作用的項目分析和信度檢驗

變量	題項	決斷值	與總分的相關係數	校正題項與總分相關 CITC	題項刪除後的 α 值	共同性	因素載荷量
信息性作用 0.764	GI1	6.390	0.525**	0.450	0.875	0.276	0.525
	GI2	8.193	0.558**	0.468	0.875	0.276	0.526
	GI3	5.411	0.409**	0.405	0.878	0.211	0.423
	GI4	7.249	0.519**	0.439	0.876	0.238	0.488
	GI5	6.648	0.502**	0.410	0.877	0.219	0.468
功利性作用 0.762	GI6	12.538	0.696**	0.627	0.867	0.496	0.704
	GI7	9.962	0.679**	0.599	0.868	0.452	0.672
	GI8	6.472	0.532**	0.425	0.878	0.234	0.483
	GI9	12.883	0.701**	0.622	0.867	0.504	0.710
價值表達性作用 0.864	GI10	13.830	0.789**	0.741	0.862	0.683	0.826
	GI11	11.671	0.750**	0.696	0.864	0.606	0.779
	GI12	8.419	0.607**	0.523	0.872	0.370	0.609
	GI13	11.503	0.700**	0.640	0.867	0.538	0.734
	GI14	13.072	0.773**	0.718	0.862	0.634	0.796

註：**. 表示在 0.001 水平（雙側）上顯著相關，*. 表示在 0.05 水平（雙側）上顯著相關。

2. 品牌資產的信度檢驗

品牌資產包括四個子構念：感知質量、品牌情感、品牌忠誠和溢價支

付意願作用。本研究採用 SPSS17.0 軟件進行了項目分析和信度檢驗，分析和檢驗結果如表 4-16 品牌資產的項目分析和信度檢驗所示。從表中可以看出，各個題項的決斷值在 7.601~14.685，均大於 3.000；與總分的相關係數在 0.482~0.788，均大於 0.4；校正題項與總分相關 CITC 在 0.520~0.760，均高於 0.4；刪除後的 α 值在 0.890~0.900，均小於 0.903；共同性在 0.363~0.656，均大於 0.2；因素載荷量在 0.602~0.810，均大於 0.4。所以，各個題項均通過了項目分析，都予以保留。

表 4-16　　　　　　品牌資產的項目分析和信度檢驗

變量	題項	決斷值	與總分的相關係數	校正題項與總分相關 CITC	題項刪除後的 α 值	共同性	因素載荷量
感知質量 0.763	BE1	8.217	0.626**	0.565	0.899	0.406	0.637
	BE2	7.662	0.589**	0.520	0.900	0.363	0.602
	BE3	11.575	0.695**	0.624	0.896	0.487	0.698
品牌情感 0.736	BE4	7.911	0.594**	0.530	0.900	0.368	0.606
	BE5	7.601	0.619**	0.561	0.899	0.409	0.640
	BE6	9.116	0.635**	0.574	0.898	0.432	0.657
品牌忠誠 0.846	BE7	12.535	0.735**	0.665	0.894	0.530	0.728
	BE8	12.427	0.815**	0.760	0.888	0.656	0.810
	BE9	11.762	0.788**	0.723	0.891	0.613	0.783
溢價支付意願 0.839	BE10	13.504	0.795**	0.733	0.890	0.611	0.782
	BE11	14.685	0.796**	0.734	0.890	0.612	0.783
	BE12	10.713	0.652**	0.563	0.899	0.399	0.632

註：**．表示在 0.001 水平（雙側）上顯著相關，*．表示在 0.05 水平（雙側）上顯著相關。

3. 感知風險的信度檢驗

感知風險包括五個子構念：財務風險、績效風險、安全風險、社會風險和心理風險。本研究採用 SPSS17.0 軟件對感知風險的量表進行了項目分析和信度檢驗，分析和檢驗的結果如表 4-17 感知風險的項目分析和信度檢驗所示。從表中可以看出，各個題項的決斷值在 6.838~18.469，均大於 3.000；與總分的相關係數在 0.482~0.788，均大於 0.4；校正題項與總分相關 CITC 在 0.434~0.742，均高於 0.4；刪除後的 α 值在 0.895~0.906，均小於 0.907；共同性在 0.286~0.620，均大於 0.2；因素載荷量在 0.451~0.787，均大於 0.4。所以，各個題項均通過了項目分析，都予以保留。

表 4-17　　　　　　　　感知風險的項目分析和信度檢驗

變量	題項	決斷值	與總分的相關係數	校正題項與總分相關 CITC	題項刪除後的 α 值	共同性	因素載荷量
績效風險 0.845	PR1	18.358	0.788**	0.742	0.895	0.620	0.787
	PR2	18.469	0.752**	0.690	0.897	0.538	0.734
	PR3	14.539	0.727**	0.665	0.898	0.525	0.724
財務風險 0.811	PR4	11.261	0.611**	0.527	0.904	0.336	0.580
	PR5	12.815	0.762**	0.711	0.896	0.589	0.768
	PR6	14.598	0.735**	0.675	0.898	0.526	0.725
安全風險 0.774	PR7	10.417	0.637**	0.565	0.902	0.385	0.621
	PR8	11.130	0.681**	0.621	0.900	0.479	0.692
	PR9	10.150	0.668**	0.604	0.900	0.463	0.680
社會風險 0.707	PR10	7.428	0.524**	0.469	0.905	0.286	0.535
	PR11	6.838	0.482**	0.434	0.906	0.221	0.451
	PR12	11.517	0.708**	0.654	0.899	0.511	0.715
心理風險 0.772	PR13	7.358	0.588**	0.532	0.903	0.377	0.614
	PR14	7.607	0.644**	0.589	0.901	0.439	0.663
	PR15	7.105	0.604**	0.555	0.903	0.398	0.631

註：**．表示在 0.001 水平（雙側）上顯著相關，*．表示在 0.05 水平（雙側）上顯著相關。

4. 遵從動機的信度檢驗

本研究採用 SPSS17.0 軟件對遵從動機量表進行項目分析和信度檢驗，分析和檢驗的結果如表 4-18 遵從動機的項目分析和信度檢驗所示。從表中可以看出，遵從動機包含的 3 個題項，各個題項的決斷值在 10.698~17.981，均大於 3.000；與總分的相關係數在 0.849~0.875，均大於 0.4；校正題項與總分相關 CITC 在 0.652~0.680，均高於 0.4；刪除後的 α 值在 0.738~0.763，均小於 0.816；題項 MC1、MC2 和 MC3 的共同性在 0.714~0.748，均大於 0.2；因素載荷量在 0.845~0.865，均大於 0.4。所以各個題項均通過了項目分析，都予以保留。

表 4-18　　　　　遵從動機的項目分析和信度檢驗

變量	題項	決斷值	與總分的相關係數	校正題項與總分相關 CITC	題項刪除後的 α 值	共同性	因素載荷量
遵從動機 0.816	MC1	10.698	0.846**	0.652	0.763	0.714	0.845
	MC2	12.651	0.849**	0.686	0.738	0.748	0.865
	MC3	17.981	0.875**	0.680	0.742	0.744	0.863

註：**. 表示在 0.001 水平（雙側）上顯著相關，*. 表示在 0.05 水平（雙側）上顯著相關。

4.3.4　前測問卷的效度檢驗

在進行因子分析之前，需進行 Kaiser-Meyer-Olkin（KMO）適當性檢驗和 Bartlett's 球形檢驗，以判斷該數據是否適用因子分析方法，在判斷適合後，再做探索性因子分析。

1. 參照群體作用探索性分析

本研究首先對參照群體作用進行了 KMO 和 Bartlett's 球形檢驗，檢驗結果如表 4-19 所示，參照群體作用的 *KMO* 測試系數為 0.877，大於最低要求 0.7。同時根據 *Bartlett's* 球形檢驗，*Approx. Chi-Square* 為 1,003.696，自由度為 91，*Bartlett's* 統計值通過了顯著性檢驗，符合因子分析條件。

表 4-19　　　參照群體作用 KMO 和 Bartlett's 球形檢驗結果

Kaiser-Meyer-Olkin Measure of Sampling Adequacy		0.877
Bartlett's Test of Sphericity	Approx. Chi-Square	1,003.696
	df	91
	Sig.	0.000

接著，用相應的統計分析方法將參照群體作用的 14 個測量題項進行因子旋轉分析，提取出了下列三個因子，按順序排列和取名如表 4-20 參照群體作用探索性分析結果所示。

表 4-20　　　　　參照群體作用探索性分析結果

測量題項	因子		
	1	2	3
GI10	0.821		
GI11	0.797		
GI13	0.737		
GI14	0.695		

表4-20(續)

測量題項	因子		
	1	2	3
GI12	0.589		
GI1		0.713	
GI2		0.655	
GI4		0.624	
GI3		0.590	
GI5		0.451	
GI8			0.813
GI6			0.535
GI9			0.504
GI7			0.491
特徵根 λ 值	5.652	1.378	1.107
方差解釋率%	40.368	9.842	7.905
累計解釋方差%	40.368	50.210	58.116

從上表可以看出，通過探索性因子分析，參照群體作用分為信息性作用、功利性作用和價值表達性作用三個維度，這與預期的維度劃分相吻合，再有信息性作用、功利性作用和價值表達性作用三個維度各測量條款的因子負荷為 0.451~0.821，均大於 0.4 的標準，具有收斂效度。總體方差解釋比例達到 58.116%，大於 50%，這有利於進行下一步的分析。

2. 品牌資產探索性分析

本研究對品牌資產進行了 KMO 和 Bartlett's 球形檢驗，具體見表 4-21 品牌資產 KMO 和 Bartlett's 球形檢驗結果。從下表可以看出，品牌資產的 *KMO* 測試系數為 0.885，大於最低要求 0.7，同時根據 Bartlett's 球形檢驗，*Approx. Chi-Square* 為 1,054.525，自由度為 66，Bartlett's 統計值通過了顯著性檢驗，符合因子分析條件。

表 4-21　　品牌資產 KMO 和 Bartlett's 球形檢驗結果

Kaiser-Meyer-Olkin Measure of Sampling Adequacy		0.885
Bartlett's Test of Sphericity	*Approx. Chi-Square*	1,054.525
	df	66
	Sig.	0.000

用相應的統計方法將品牌資產部分的 12 個測量題項進行因子旋轉分析，提取出了下列四個因子，按順序排列和取名如表 4-22 品牌資產探索性分析結果所示。

表 4-22　　　　　　　　品牌資產探索性分析結果

測量題項	因子 1	因子 2	因子 3	因子 4
BE12	0.816			
BE11	0.759			
BE10	0.752			
BE7		0.759		
BE9		0.542		
BE8		0.502		
BE1			0.581	
BE2			0.724	
BE3			0.684	
BE4				0.425
BE5				0.811
BE6				0.799
特徵根 λ 值	3.887	1.434	1.215	1.022
方差解釋率%	32.378	11.941	10.121	8.513
方差累計解釋率%	32.378	44.319	54.440	62.953

從表 4-22 可以看出，通過探索性因子分析，品牌資產分為感知質量、品牌情感、品牌忠誠和溢價支付意願四個維度，這與預期的維度劃分相吻合，且信息性作用、功利性作用和價值表達性作用三個維度各測量條款的因子負荷為 0.425~0.816，均大於 0.5 或接近 0.5 的標準，具有收斂效度。總體方差解釋比例達到 62.953%，大於 50%，這有利於進行下一步的分析。

3. 感知風險探索性分析

本研究首先對感知風險進行了 KMO 和 Bartlett's 球形檢驗，具體結果見表 4-23 感知風險 KMO 和 Bartlett's 球形檢驗結果。從表中可以看出，感知風險的 KMO 測試系數為 0.902，大於最低要求 0.7。同時根據 Bartlett's 球形檢驗，Approx. Chi-Square 為 1,333.484，自由度為 105，Bartlett's 統計值通過了顯著性檢驗，符合因子分析條件。

表 4-23　　　　　　感知風險 KMO 和 Bartlett's 球形檢驗結果

Kaiser-Meyer-Olkin Measure of Sampling Adequacy		0.902
Bartlett's Test of Sphericity	Approx. Chi-Square	1,333.484
	df	105
	Sig.	0.000

接著，用相應的統計方法將感知風險部分的 15 個測量題項進行因子旋轉分析，提取出了下列四個因子，按順序排列和取名如表 4-24 感知風險作用探索性分析結果所示。

表 4-24　　　　　　　　感知風險探索性分析結果

測量題項	因子			
	1	2	3	4
PR2	0.793			
PR1	0.709			
PR7	0.694		0.426	
PR3	0.654			
PR6		0.501		
PR4		0.498		
PR5		0.492		
PR15			0.781	
PR13			0.723	
PR14			0.696	
PR8	0.459		0.674	
PR9	0.510		0.653	
PR12				0.699
PR10				0.598
PR11				0.576
特徵根 λ 值	4.512	2.132	1.580	1.219
方差解釋率%	31.125	13.211	10.536	8.123
累計解釋方差%	31.226	44.226	54.763	62.886

從上表可以看出，通過探索性因子分析，感知風險分為四個維度，這與預期的維度劃分不太吻合，主要原因是 PR7、PR8 和 PR9 在兩個或者兩個以上的因子載荷都大於 0.4，屬於橫跨因子現象，應該刪除。PR1、

PR2、PR3、PR4、PR5、PR6、PR10、PR11、PR12、PR13、PR14 和 PR15 因子負荷為 0.492~0.793，均大於 0.5 或接近於 0.5 的標準，具有收斂效度。總體方差解釋比例達到 62.886%，大於 50%，這有利於進行下一步的分析。

4. 遵從動機探索性分析

本研究對遵從動機進行了 KMO 和 Bartlett's 球形檢驗，具體見表 4-25，從表中可以看出，*KMO* 測試系數為 0.718，大於最低要求 0.7。同時根據 Bartlett's 球形檢驗，*Approx. Chi-Square* 為 183.523，自由度為 3，*Bartlett's* 統計值通過了顯著性檢驗，符合因子分析條件。

表 4-25　　　　遵從動機 KMO 和 Bartlett's 球形檢驗結果

Kaiser-Meyer-Olkin Measure of Sampling Adequacy		0.718
Bartlett's Test of Sphericity	Approx. Chi-Square	183.523
	df	3
	Sig.	0.000

用相應的統計方法將遵從動機部分的 3 個測量題項進行因子旋轉分析，按順序排列和取名如表 4-26 所示。

表 4-26　　　　遵從動機探索性分析結果

測量題項	因子
MC2	0.865
MC3	0.863
MC1	0.845
特徵根 λ 值	2.205
方差解釋率%	73.516
方差累計解釋率%	73.516

從表 4-26 可以看出，通過探索性因子分析，遵從動機為 1 個維度，這與預期的維度劃分相吻合，各測量條款的因子負荷為 0.845~0.865，均大於 0.5 的標準，具有收斂效度。總體方差解釋比例達到 73.516%，大於 50%，這有利於進行下一步的分析。

4.4　本章小結

　　本章針對第三章的理論模型和研究假設進行了實證研究設計，主要包括問卷設計和前測分析兩部分。

　　第一，基於研究的目的，採用科學的方法，在對參照群體作用、感知風險、品牌資產和遵從動機等研究變量測量題項的選擇上設計了問卷，並通過與理論界和實務界的專家的深度討論，形成前測問卷。

　　第二，通過現場和網路兩種方式收集前測問卷176份，並對前測問卷進行項目分析、信度檢驗和效度檢驗。參照群體作用、感知風險、品牌資產和遵從動機的測量題項均通過項目分析和信度檢驗，但是在效度檢驗過程中，感知風險的身體風險維度出現橫跨兩個維度的情況，再考慮到本研究產品的特點，最後刪除了身體風險維度，而其他測量題項均通過效度檢驗，形成了本研究的最終問卷（見附錄），為接下來的大規模調研奠定了基礎。

5 數據分析和假設檢驗

本研究以問卷調查方式收集大樣本數據，並對大規模調查收集的樣本的基本情況進行匯總，進一步對回收樣本數據進行描述性統計、同源誤差檢驗、信度與效度檢驗、假設驗證等統計分析工作。本研究所使用的統計分析軟件為SPSS17.0和AMOS17.0，其中SPSS17.0軟件用於描述性統計、探索性因子分析和分組迴歸分析，AMOS17.0軟件則用於驗證性因子分析和結構方程建模，對本書第三章提出的理論模型和研究假設進行檢驗。

5.1 數據收集情況及分析方法

5.1.1 數據收集

1. 樣本的選擇

本研究的調研目的是研究在參照群體的作用下，消費者對品牌的態度和行為，也就是品牌資產的影響機制。所以，本研究的調查對象是普通消費者。為了保持調研的可靠性和準確性，本研究對於填寫問卷的調查對象進行了限定，要求答卷者對正在使用的手機品牌和三年內去過的旅遊地進行選擇，並針對選擇的手機品牌和旅遊地的實際感受來填寫問卷，由於采用情境問卷調查法，一開始就先讓被調查者閱讀基本情境進行問卷填答。本研究借鑑國外已有對參照群體的信息性、功利性、價值表達性影響方式的情境描述，盡量讓被調查者能準確理解情境。調查對象的獲取主要通過線下收集和網路收集相結合的手段。線下收集主要是將紙質問卷在學校發放並回收；網路收集主要是通過制作網路電子問卷讓被調查者填答。

2. 樣本的收集

本研究大規模調研開始於 2014 年 4 月，結束於 2014 年 6 月，歷時兩個多月。本研究的問卷收集方法包括兩種：紙質問卷收集和網路電子問卷收集。通過作者本人、同學、朋友及同事，向高等院校、企業單位和事業單位的聯繫人發送紙質問卷或電子問卷，由聯繫人進行複製、發放和回收，並以紙質問卷郵寄或者電子問卷郵件的形式反饋給作者本人。本次問卷共回收問卷 604 份，在對調研數據的登錄完成後，剔除不合格的問卷 175 份（漏填、同分和未通過反問題檢驗等情況的問卷），有效問卷共 429 份，有效問卷的回收率是 71.03%。

5.1.2 樣本的基本情況

針對回收的 429 份有效問卷，調查對象的類型統計和比例分布結果可見表 5-1。從性別來看，有男性 190 份，佔有效樣本的比例為 44.29%；女性 239 份，佔有效樣本的比例為 55.71%。女性性別比例略高於男性性別，但是差異不太大，可以接受。

表 5-1　　　　大規模調查對象類型的統計表

消費者屬性	變量編碼	分類特徵	樣本數量	所占百分比(%)
性別	1	男性	190	44.29
	2	女性	239	55.71

從年齡上看，24 歲以下 71 份，佔有效樣本的比例為 16.55%；25~34 歲 168 份，佔有效樣本的比例為 39.16%；35~44 歲 161 份，佔有效樣本的比例為 37.53%；45 歲以上 29 份，佔有效樣本的比例為 6.76%。年齡主要集中在中青年，老年人較少，所以本研究的調研對象年齡偏輕。

表 5-2　　　　大規模調查對象類型的統計表

消費者屬性	變量編碼	分類特徵	樣本數量	所占百分比(%)
年齡	1	24 歲以下	71	16.55
	2	25~34 歲	168	39.16
	3	35~44 歲	161	37.53
	4	45 歲以上	29	6.76

從學歷上看，高中以下 113 份，佔有效樣本的比例為 26.34%；專科 160 份，佔有效樣本的比例為 37.30%；本科 115 份，佔有效樣本的比例為

26.80%；研究生以上 41 份，佔有效樣本的比例為 9.56%。學歷主要在專科和本科，高中以下的消費者較少，所以本研究的調研對象學歷偏高。

表 5-3　　　　　　　　大規模調查對象類型的統計表

消費者屬性	變量編碼	分類特徵	樣本數量	所佔百分比(%)
學歷	1	高中以下	113	26.34
	2	專科	160	37.30
	3	本科	115	26.80
	4	研究生以上	41	9.56

從職業來看，學生 40 份，佔有效樣本的比例為 9.32%；公務員或事業單位員工 69 份，佔有效樣本的比例為 16.08%；企業員工 296 份，佔有效樣本的比例為 69.00%；私有或個體工商業主 15 份，佔有效樣本的比例為 3.50%；其他 9 份，佔有效樣本的比例為 2.10%。

表 5-4　　　　　　　　大規模調查對象類型的統計表

消費者屬性	變量編碼	分類特徵	樣本數量	所佔百分比(%)
職業	1	學生	40	9.32
	2	公務員或事業單位員工	69	16.08
	3	企業員工	296	69.00
	4	私有或個體工商業主	15	3.50
	5	其他	9	2.10

從收入來看，5 萬以下 101 份，佔有效樣本的比例為 23.54%；5 萬~10 萬 212 份，佔有效樣本的比例為 49.42%；10 萬~20 萬 110 份，佔有效樣本的比例為 25.64%；20 萬以上 6 份，佔有效樣本的比例為 1.40%。

表 5-5　　　　　　　　大規模調查對象類型的統計表

消費者屬性	變量編碼	分類特徵	樣本數量	所佔百分比(%)
年收入	1	5 萬以下	101	23.54
	2	5 萬~10 萬	212	49.42
	3	10 萬~20 萬	110	25.64
	4	20 萬以上	6	1.40

5.1.3 樣本數據的同源誤差檢驗和相關性分析

1. 同源誤差檢驗

為了避免收集的數據出現同源誤差的問題，本研究採取了幾點措施：第一，在問卷設計的時候向被調查者說明選擇沒有正確與錯誤之分，只需根據自身情況填寫；第二，在填寫問卷時每人只允許填寫一份問卷，且採取匿名填寫；第三，在數據統計分析之前，本研究採用哈曼因子檢驗法（Harman，1967）來檢驗大樣本收集的數據是否存在同源誤差問題。具體方法是把研究涉及的相關變量——參照群體作用、感知風險、品牌資產和遵從動機等變量的 39 個測量題項進行探索性因子分析，檢驗沒有旋轉情況的因子分析結果，結果發現最大的因子解釋了 24.775% 的變異量，不存在解釋力超過總結適量一半的因子，所以，本研究的變量不存在明顯的同源偏差問題。

2. 各個變量的相關性分析

本研究對各個變量進行了相關性分析，具體結果見表 5-6 變量各維度間的相關係數矩陣。從表 5-6 本研究的各因子之間的 Pearson 相關係數可以看出，「信息性作用」與「社會風險」「心理風險」，「功利性作用」與「績效風險」「財務風險」「心理風險」，「遵從動機」與「績效風險」「財務風險」「社會風險」「心理風險」之間的相關關係不顯著，其餘因子之間的相關係數是顯著的。這只能初步說明這些因子之間具有一定的關聯，不能區分兩個因子的因果關係，不過這為後面的假設檢驗奠定基礎。

5.2 樣本的信度檢驗和效度檢驗

在進行假設檢驗之前，應對測量量表進行信度檢驗和效度檢驗。只有具備良好的效度和信度的測量量表才可以被採用。在信度檢驗和效度檢驗的過程中，本研究應用 SPSS17.0 軟件和 AMOS17.0 軟件進行了探索性因子分析和驗證性因子分析。

測量模型包括潛在變量和觀察變量。它能夠反應觀察變量和潛在變量之間的關係，其構成的數學模型是驗證性因子分析。測量模型的檢驗分為兩部分，一是信度檢驗，二是效度檢驗。

表 5-6 變量各維度間的相關係數矩陣

	信息性作用	功利性作用	價值表達性作用	績效風險	財務風險	社會風險	心理風險	感知質量	品牌情感	品牌忠誠	溢價支付意願	遵從動機
信息性作用	1											
功利性作用	0.246**	1										
價值表達性作用	0.483**	0.347**	1									
績效風險	−0.171**	−0.071	−0.331**	1								
財務風險	−0.171**	−0.062	−0.254**	0.636**	1							
社會風險	−0.017	−0.158**	−0.061	0.431**	0.498**	1						
心理風險	−0.057	0.004	−0.116*	0.436**	0.419**	0.614**	1					
感知質量	0.288**	0.081*	0.386**	−0.417**	−0.367**	−0.356**	−0.293**	1				
品牌情感	0.189**	0.171**	0.330**	−0.277**	−0.278**	−0.370**	−0.368**	0.452**	1			
品牌忠誠	0.332**	0.133**	0.470**	−0.413**	−0.381**	−0.286**	−0.222**	0.617**	0.369**	1		
溢價支付意願	0.391**	0.141**	0.565**	−0.432**	−0.385**	−0.230**	−0.201**	0.593**	0.343**	0.632**	1	
遵從動機	0.219**	0.404**	0.203**	−0.036	−0.011	−0.027	−0.024	0.218**	0.159**	0.274**	0.204**	1

**．在 0.01 水平（雙側）上顯著相關。

(1) 信度檢驗

對於測量模型的信度檢驗，本研究主要通過兩個指標來判斷。一是社會科學領域中最廣泛使用的信度指標 *Cronbach's α*，它的標準是 *Cronbach's α* 係數大於 0.7，則可接受該量表，但是由於這種方法假設各測量題項是具有相同的權重，因此只可代表較低範圍的估計（Chin & Gopal，1995）。因此本研究引入了另一個指標，組合信度 *CR*（Composite Reliability），*CR* 的標準是大於 0.7，CR 的計算是根據各測量題項的因子載荷係數，因子載荷的判斷標準具體見表 5-7。

表 5-7　　　　　　　　因子載荷的判斷標準

因子載荷 λ	因子載荷平方 λ^2	*Std. Loads* 狀況
0.71	50%	優秀
0.63	40%	非常好
0.55	30%	好
0.45	20%	普通
0.32	10%	不好
0.32 以下	10% 以下	不及格

資料來源：吳明隆. SPSS 統計應用實務——問卷分析與應用統計 [M]. 北京：科學出版社，2003.

(2) 效度檢驗

測量模型的效度檢驗，主要包含收斂效度檢驗和區分效度檢驗。①收斂效度，可根據測量變量相應維度上的標準化載荷係數和平均方差抽取值兩方面來分析。標準化載荷係數大於 0.7，P 值顯著，即可保證測量模型有較好的收斂效度（Chin，1998）；若潛變量平均方差抽取量（*AVE*，average variances extracted）大於 0.5，說明解釋了 50% 或更多的方差，其收斂效度也是可以接受的（Formell & Larcker，1981）。②區分效度檢驗，它包含兩方面的分析：一方面是構念層面的，需要分析每個潛變量的 *AVE*，比較 *AVE* 的算數平方根是否大於潛變量之間相關係數的絕對值（Bagozzi & Yi，1988）；另一方面是指標層面的，分析交叉載荷，要每個指標的載荷應大於它的交叉載荷值（Chin，1998）。

5.2.1　參照群體作用的信度和效度檢驗

參照群體的信度和效度檢驗的具體步驟如下：

第一，利用 SPSS 17.0 軟件進行探索性因子分析，對參照群體作用方式的三個變量——信息性作用、功利性作用和價值表達性作用的信度進行

分析。其中信息性作用包括 4 個測量題項，功利性作用包括 3 個測量題項，價值表達性包括 5 個測量題項。參照群體作用的結構信度檢驗結果見表 5-8，Cronbach's α值在 0.703~0.842，均大於 0.7 的標準，說明本研究採用參照群體作用量表具有良好的信度。

第二，在樣本通過了探索性因子分析後，本研究將使用 AMOS17.0 軟件對參照群體作用方式的三個變量信息性作用、功利性作用和價值表達性作用做進一步驗證性因子分析。本研究對參照群體作用構建出一個一級 3 因素 CFA 模式，包括 3 個潛在因子和 14 個指標，測量模型和擬合程度見圖 5-1 參照群體作用測量模型和表 5-8 參照群體作用量表的測量參數估計表。

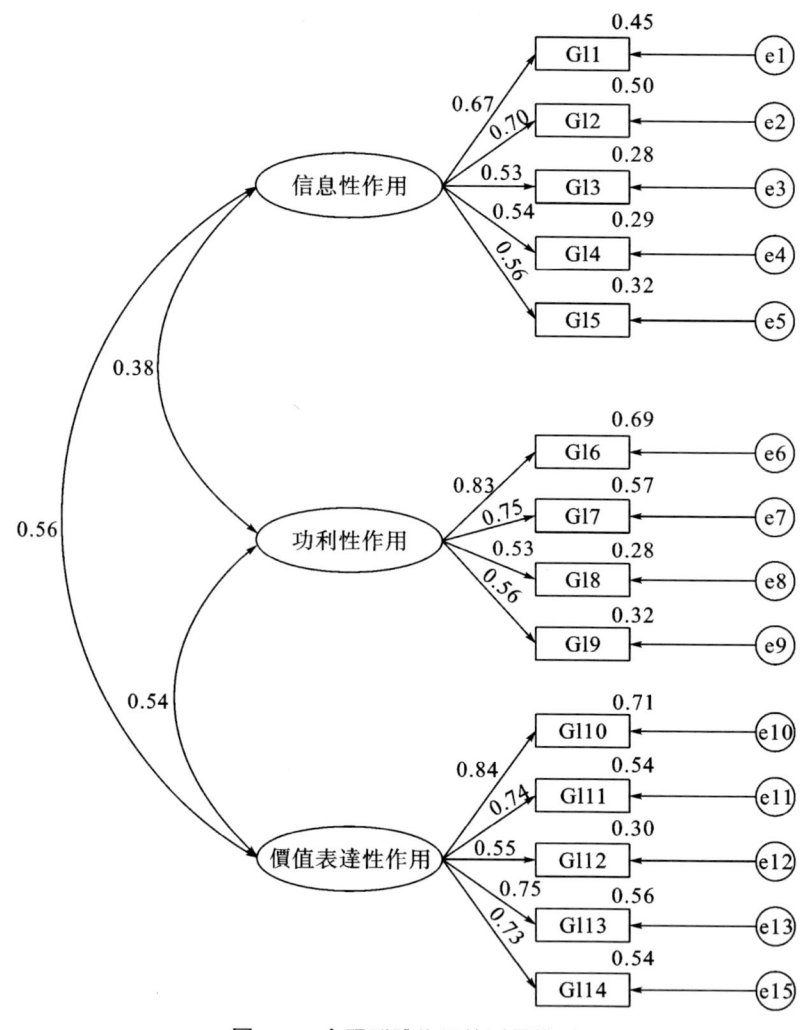

圖 5-1　參照群體作用的測量模型

第三，參照群體作用量表的測量參數估計檢驗結果見表5-8。首先，潛變量的組成信度（CR）處於0.740,7~0.829,9，高於建議值0.7，所以，本研究的量表具有較好的信度；其次，大樣本調研中使用的14個測量題項的標準化載荷在0.529~0.845，每個測量題項的標準化載荷系數都大於建議值0.5，並且所有T值都達到顯著性水平（$p<0.001$），同時參照群體作用三個因子的AVE值均大於0.5或接近0.5，說明本研究採用的參照群體作用量表的收斂效度良好（Fomell & Larcker, 1981）。

表5-8　　　　　參照群體作用量表的測量參數估計表

維度	題項指標	標準化載荷 λ	T 值	誤差項	Cronbach's α	CR	AVE
信息性作用	GI1	0.671	——		0.703	0.740,7	0.368,8
	GI2	0.705	10.304***	0.111			
	GI3	0.536	8.496***	0.069			
	GI4	0.540	9.582***	0.097			
	GI5	0.555	9.438***	0.100			
功利性作用	GI6	0.828	——		0.754	0.768,4	0.462,3
	GI7	0.752	14.499***	0.058			
	GI8	0.529	10.125***	0.068			
	GI9	0.563	10.641***	0.066			
價值表達性作用	GI10	0.845	——		0.842	0.829,9	0.529,8
	GI11	0.736	16.474***	0.051			
	GI12	0.546	11.343***	0.056			
	GI13	0.748	16.987***	0.050			
	GI14	0.732	16.126***	0.054			

擬合指數：CMIN=151.909　DF=51　CMIN/DF=2.979，CFI=0.933，IFI=0.933，GFI=0.945，AGFI=0.915　RMSEA=0.068

註：*代表顯著水平$P<0.05$，**代表顯著水平$P<0.01$，***代表顯著水平$P<0.001$。

第四，參照群體作用三維度的相關係數和平均變量萃取值見表5-9，參照群體作用三因子的AVE的算數平方根均大於潛變量之間的相關係數的絕對值，說明本研究使用的參照群體作用量表的區分效度良好。

表 5-9　　參照群體作用三維度的相關係數和平均變量萃取值

維度	信息性	功利性	價值表達性
信息性	0.607,3 ***		
功利性	0.38 ***	0.652,7 ***	
價值表達性	0.56 ***	0.54 ***	0.727,9 ***

註：對角線上是 AVE 的平方根，對角線下為對應兩因子的相關係數，＊代表顯著水平 $P<0.05$，＊＊代表顯著水平 $P<0.01$，＊＊＊代表顯著水平 $P<0.001$。

第五，評價模型的整體擬合程度，如表 5-8 所示，其中 CMIN/DF 的取值為 2.979 小於 3，CFI 為 0.933 大於 0.9，IFI 為 0.933 為大於 0.9，GFI 為 0.945 大於 0.9，AGFI 為 0.915 大於 0.9，RMSEA 為 0.068 小於 0.08，說明模型與數據之間具有良好擬合性。

5.2.2　品牌資產的信度和效度檢驗

品牌資產的信度和效度檢驗的具體步驟如下：

第一，利用 SPSS17.0 軟件進行探索性因子分析，並對品牌資產的四個變量——感知質量、品牌情感、品牌忠誠和溢價支付意願的信度進行分析。其中感知質量包括 3 個測量題項，品牌情感包括 3 個測量題項，品牌忠誠包括 3 個測量題項，溢價支付意願包括 3 個測量題項。品牌資產的結構信度檢驗結果見表 5-10，Cronbach's α 值在 0.760~0.823，均大於 0.7 的標準，說明本研究採用的品牌資產量表具有良好的信度。

第二，在樣本通過了探索性因子分析後，本研究將使用 AMOS 軟件對品牌資產的四個變量——感知質量、品牌情感、品牌忠誠和溢價支付意願進一步做驗證性因子分析。本研究對品牌資產構建出一個一級 3 因素 CFA 模式，包括 4 個潛在因子和 12 個指標。測量模型和擬合程度見圖 5-2 品牌資產測量模型和表 5-10 品牌資產量表的測量參數估計表。

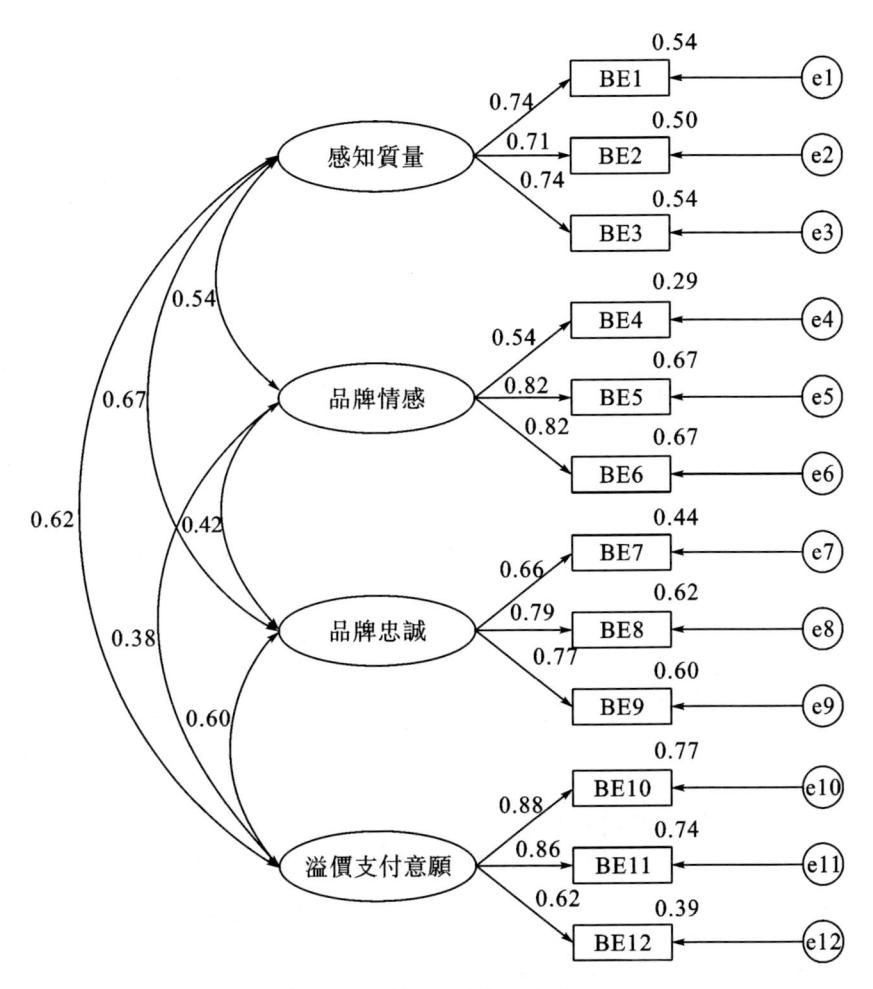

圖 5-2　品牌資產的測量模型

第三，品牌資產量表的測量參數估計檢驗結果如表 5-10 所示。首先，潛變量的組成信度（CR）處於 0.771,9~0.833,4，高於建議值 0.7，所以，本研究品牌資產量表的信度良好。其次，本研究測量品牌資產使用的 12 個測量題項的標準化載荷在 0.540~0.876，所有的標準化載荷系數都大於建議值 0.5，而且所有 T 值都達到顯著性水平（$p<0.001$），同時品牌資產四因子的 AVE 值均大於 0.5，說明本研究採用的品牌資產量表的收斂效度良好。

表 5-10　　　　　　品牌資產量表的測量參數估計表

維度	題項指標	標準化載荷 λ	T 值	誤差項	Cronbach's α	CR	AVE
感知質量	BE1	0.736	—	—	0.768	0.771,9	0.530 1
	BE2	0.710	13.413	0.071			
	BE3	0.738	13.243	0.089			
品牌情感	BE4	0.540	—	—	0.760	0.777,4	0.546
	BE5	0.821	10.427	0.150			
	BE6	0.820	10.100	0.158			
品牌忠誠	BE7	0.661	—	—	0.781	0.786	0.551,8
	BE8	0.789	13.057	0.102			
	BE9	0.772	13.021	0.113			
溢價支付意願	BE10	0.876	—	—	0.823	0.833,4	0.630 1
	BE11	0.858	20.711	0.046			
	BE12	0.622	13.585	0.050			

擬合指數：$CMIN$ = 104.750　　DF = 48　　$CMIN/DF$ = 2.182，CFI = 0.974，IFI = 0.975，GFI = 0.963，$AGFI$ = 0.940　　$RMSEA$ = 0.053

第四，品牌資產四維度的相關係數和平均變量萃取值檢驗結果見表 5-11，品牌資產四因子的 AVE 的算數平方根均大於潛變量之間的相關係數的絕對值，說明本研究使用的品牌資產量表的區分效度良好。

表 5-11　　　　品牌資產四維度的相關係數和平均變量萃取值

維度	感知質量	品牌情感	品牌忠誠	溢價支付意願
感知質量	0.728,1 ***			
品牌情感	0.54 ***	0.738,9 ***		
品牌忠誠	0.67 ***	0.42 ***	0.742,8 ***	
溢價支付意願	0.62 ***	0.38 ***	0.60 ***	0.793,8 ***

註：對角線上是 AVE 的平方根，對角線下方為對應兩因子的相關係數，* 代表顯著水平 $P<0.05$，** 代表顯著水平 $P<0.01$，*** 代表顯著水平 $P<0.001$。

第五，評價模型的整體擬合程度，如表 5-10 所示，其中 $CMIN/DF$ 的取值為 2.182 小於 3，CFI 為 0.974 大於 0.9，IFI 為 0.975 大於 0.9，GFI 為 0.963 大於 0.9，$AGFI$ 為 0.940 大於 0.9，$RMSEA$ 為 0.053 小於 0.08，說明模型與數據之間具有良好擬合性。

5.2.3 感知風險的信度和效度檢驗

感知風險的信度和效度檢驗的具體步驟如下：

第一，利用 SPSS17.0 軟件進行探索性因子分析，並對感知風險的四個變量——績效風險、財務風險、社會風險和心理風險的信度進行分析，其中績效風險包括 3 個測量題項，財務風險包括 3 個測量題項，心理風險包括 3 個測量題項，社會風險包括 3 個測量題項。感知風險的結構信度檢驗結果如表 5-12 所示，Cronbach's α 值在 0.686~0.824，均大於或者接近 0.7 的標準。

第二，在樣本通過了探索性因子分析後，本研究使用 AMOS17.0 軟件對感知風險的四個變量——績效風險、財務風險、社會風險和心理風險做進一步驗證性因子分析。本研究對感知風險構建出一個一級 3 因素 CFA 模式，包括 3 個潛在因素和 12 個指標。測量模型和擬合程度見圖 5-3 感知風險測量模型和表 5-12 感知風險量表的測量參數估計表。

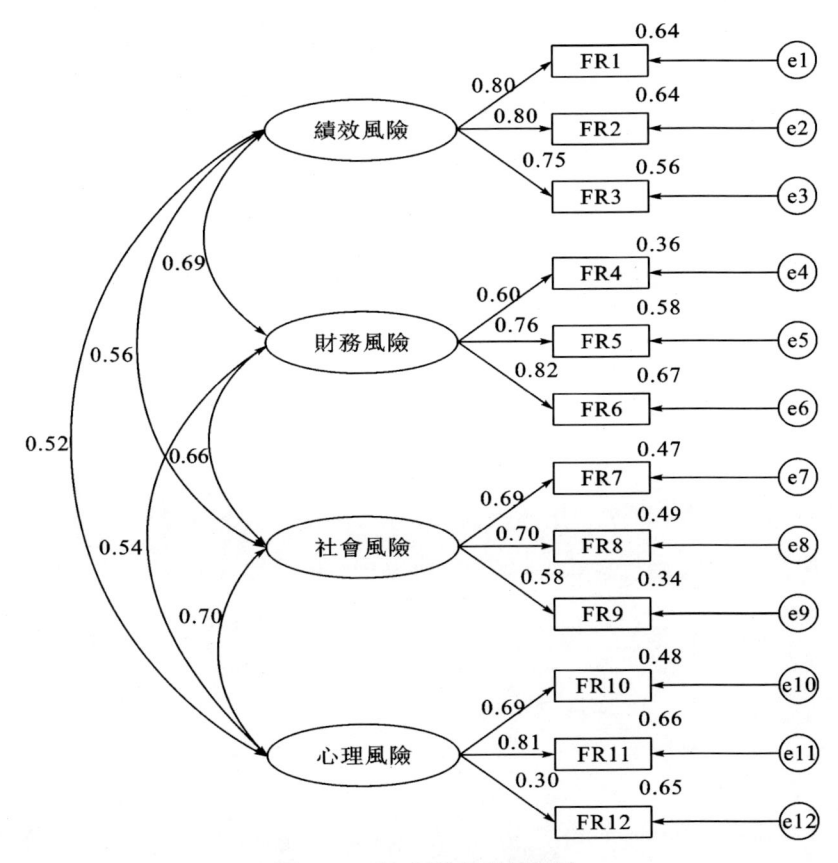

圖 5-3 感知風險的測量模型

第三，感知風險量表的測量參數估計如表 5-12 所示。首先，潛變量的組成信度（CR）處於 0.693,4~0.825,5，高於或接近建議值 0.7，所以，本研究的量表具有較好的信度。大樣本調研中使用的 12 個測量題項的標準化載荷在 0.579~0.811，所有的標準化載荷系數都大於建議值 0.5，並且所有 T 值都達到顯著性水平（$p<0.001$），同時感知風險四個因子的 AVE 值均大於 0.5，說明本研究採用的感知風險量表的收斂效度良好。

表 5-12　　　　　　感知風險量表的測量參數估計表

變量	題項指標	標準化載荷	T 值	誤差項	Cronbach's α	CR	AVE
績效風險	PR1	0.802	—	—	0.824	0.825,5	0.612,2
	PR2	0.798	16.346	0.067			
	PR3	0.746	15.121	0.067			
財務風險	PR4	0.602	—	—	0.767	0.775,4	0.539
	PR5	0.762	11.457	0.101			
	PR6	0.821	12.245	0.109			
社會風險	PR7	0.686	—	—	0.686	0.693,4	0.431,5
	PR8	0.699	11.656	0.074			
	PR9	0.579	9.858	0.082			
心理風險	PR10	0.693	—	—	0.807	0.794,3	0.813,9
	PR11	0.811	13.407	0.097			
	PR12	0.803	13.567	0.092			

擬合指數：$CMIN=143.376$　$DF=48$　$CMIN/DF=2.987$，$CFI=0.953$，$IFI=0.954$，$GFI=0.945$，$AGFI=0.911$　$RMSEA=0.070$

第四，感知風險四維度的相關係數和平均變量萃取值檢驗結果見表 5-13，感知風險四因子的 AVE 的算數平方根均大於潛變量之間的相關係數的絕對值，說明本研究使用的感知風險量表的區分效度良好。

表 5-13　　　感知風險四維度的相關係數和平均變量萃取值

維度	績效風險	財務風險	社會風險	心理風險
績效風險	0.782,4***			
財務風險	0.69***	0.743,2***		
社會風險	0.51***	0.66***	0.756,9***	
心理風險	0.52***	0.54***	0.70***	0.902,2***

註：對角線上是 AVE 的平方根，對角線下方為對應兩因子的相關係數。* 代表顯著水平 $P<0.05$，** 代表顯著水平 $P<0.01$，*** 代表顯著水平 $P<0.001$。

第五，評價模型的整體擬合程度，如表 5-12 所示，其中 *CMIN/DF* 的取值為 2.987，小於 3，*CFI* 為 0.953 大於 0.9，*IFI* 為 0.954 大於 0.9，*GFI* 為 0.945 大於 0.9，*AGFI* 為 0.911 大於 0.9，*RMSEA* 為 0.070 小於 0.08，說明模型與數據之間具有良好擬合性。

5.2.4 遵從動機的信度和效度檢驗

遵從動機的信度和效度檢驗的具體步驟如下：

第一，利用 SPSS17.0 軟件進行探索性因子分析，遵從動機是單維度，包括 3 個測量題項。結果如表 5-14 所示，遵從動機信度 *Cronbach's α* 值是 0.805，大於 0.7 的標準。

第二，在樣本通過了探索性因子分析後，本研究將使用 AMOS17.0 軟件做進一步驗證性因子分析，構建出一個由 3 個指標組成的一級單因素 CFA 模式。測量模型和擬合程度見圖 5-4 遵從動機測量模型和表 5-14 遵從動機量表的測量參數估計表。

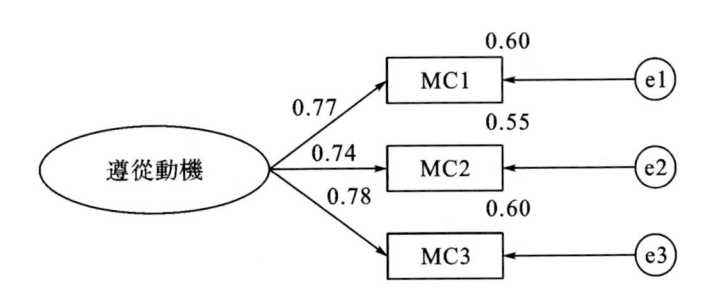

圖 5-4 遵從動機的測量模型

第三，遵從動機量表的測量參數估計如表 5-14 所示，潛變量的組成信度（*CR*）為 0.808，高於建議值 0.7，所以，本研究的量表具有較好的信度。研究中使用的 3 個測量題項的標準化載荷系數處於 0.742~0.776，均大於建議值 0.5，且所有 *T* 值都達到顯著性水平（$p<0.001$），同時各因子的 *AVE* 值均大於 0.5，表明本研究採用的遵從動機量表具有良好的收斂效度。

表 5-14　　　　　　遵從動機量表的測量參數估計表

維度	題項指標	標準化載荷	T 值	誤差項	Cronbach's α	CR	AVE
遵從動機	MC1	0.774	—	—	0.805	0.808	0.593,9
	MC2	0.742	13.181	0.070			
	MC3	0.776	13.323	0.087			

5.3　假設驗證

　　本研究運用結構方程法和分組迴歸分析法對第三章提出的參照群體作用對品牌資產的影響機制的概念模型和研究假設進行檢驗，驗證關於參照群體作用、感知風險、品牌資產、遵從動機和產品類型的 18 個假說。

　　1. 結構方程分析數據的前提

　　使用結構方程模型（Structural Equation Modeling，SEM）分析數據之前，本研究需要對收集數據的有效性和合理性進行檢驗，主要包括以下幾個方面[①]：

　　（1）樣本容量

　　Ding，Velieer 和 Harlow（1995）提出，用結構方程對模型進行估計時，如果採用 ML（多項選擇 Logit 模型），那麼收集的樣本數量至少要達到 100~150。本研究收集到的有效樣本數量是 429 份，達到了本研究數據分析對於樣本容量的最低要求。

　　（2）數據分布

　　使用 ML 進行 SEM 估計時，要求我們收集到的樣本數據須服從正態分布。本研究的樣本數據符合要求，可以對樣本數據進行探索性因子分析和驗證性因子分析。

　　（3）信度檢驗和效度檢驗

　　在本研究 5.2 章節應用 SPSS17.0 軟件和 AMOS17.0 軟件進行了探索性分析和驗證性分析，對參照群體作用、品牌資產、感知風險和遵從動機量表樣本數據進行了信度檢驗和效度檢驗。

　　（4）變量的相關性

　　在構建結構方程模型前，本研究需要對結構方程模型涉及的研究變量

---

① 許冠南. 關係嵌入性對技術創新績效的影響研究［D］. 杭州：浙江大學，2008.

進行簡單的相關分析。如變量各維度間的相關係數矩陣所示，除個別情況以外，多數變量之間具有顯著的相關關係。

2. SEM 的構成

結構方程模型可以說明潛在變量間的因果關係，它是通過路徑分析的方法來探究變量間的關係。本研究將使用 AMOS 軟件對研究變量做驗證性因子分析，來檢驗測量模型，通過路徑分析來檢驗結構模型，通過數據分析結果與測量模型的擬合情況，來檢驗本研究各觀測變量的因子結構是否與之前的設想相符。

3. SEM 評價的指數

用於評價和選擇模型的擬合指數，本研究主要有 CMIN/DF 的取值、CFI、IFI、GFI、AGFI、RMSEA 六個指標。各指標的評價標準借鑑吳明隆（2010）[1] 的研究，其中 CMIN/DF 的取值在 1~3 時，模型具有較好的擬合度；當比較擬合指數（CFI）和修正指數（IFI）的值高於 0.9 時，則表示假設模型可以接受；適配度指數（GFI）和修正適配指數（AGFI）表示假設模型可以解釋觀察數據的方差和協方差的比例，當適配度指數（GFI）和修正適配指數（AGFI）都大於 0.9 時，表示模型擬合較好；RMSEA 小於 0.05 表示適配良好，小於 0.08 表示適配合理。具體評價標準見表 5-15 驗證性因子分析指標評價標準。

表 5-15　　　　　　驗證性因子分析指標評價標準

指標	適合的標準
CMIN/DF	小於 3
CFI	大於 0.9
IFI	大於 0.9
GFI	大於 0.9
AGFI	大於 0.9
RMSEA	小於 0.05（適配良好），小於 0.08（適配合理）

資料來源：吳明隆. 結構方程模型——AMOS 的操作和應用[M]. 重慶：重慶大學出版社，2010.

5.3.1　參照群體對品牌資產的影響

1. 參照群體對品牌資產的影響

本書以參照群體作用為自變量，以品牌資產為因變量，建立結構方程

---

[1]　吳明隆. 結構方程模型——AMOS 的操作和應用 [M]. 重慶：重慶大學出版社，2010.

模型，研究框架模型相應變量間的直接影響關係，驗證的結果見表 5-16。

表 5-16　　參照群體作用與品牌資產的關係模型檢驗結果

變量間關係	標準化路徑系數	標準誤	T 值	是否支持
參照群體作用--->品牌資產	0.661***	0.062	7.558	是
擬合指數：$CMIN$ = 698.623，DF = 291，$CMIN/DF$ = 2.401，CFI = 0.910，IFI = 0.911，GFI = 0.887，$AGFI$ = 0.863，$RMSEA$ = 0.057					

註：* 代表顯著水平 $P<0.05$，** 代表顯著水平 $P<0.01$，*** 代表顯著水平 $P<0.001$。

表 5-16 顯示，理論模型的結構方程分析的擬合指數均達到臨界要求：$CMIN$ = 698.623，DF = 291，$CMIN/DF$ = 2.401，CFI = 0.910，IFI = 0.911，GFI = 0.887，$AGFI$ = 0.863，$RMSEA$ = 0.057。因此，本研究認為結構方程擬合度較好。

在估計結構方程模型的路徑系數時，當路徑系數相對應 T 值的絕對值大於 1.96，就可認為 T 值達到了顯著水平（$P<0.05$）（侯杰泰等，2004）[①]。就參照群體對品牌資產的影響而言，如表 5-16 所示，參照群體對品牌資產影響的標準化路徑系數為 0.661，T 值達到顯著性水平，大於 1.96，參照群體對品牌資產影響顯著。H1 得到驗證。

2. 參照群體三維度對品牌資產的影響

本書以參照群體作用為自變量，以品牌資產為因變量，建立結構方程模型。研究框架模型相應變量間的直接影響關係，驗證的結果見表 5-17。

表 5-17　　參照群體作用三維度與品牌資產的關係模型檢驗結果

變量間關係	標準化路徑系數	標準誤	T 值	是否支持
信息性作用--->品牌資產	0.261***	0.099	3.496	是
功利性作用--->品牌資產	-0.075	0.047	-1.352	否
價值表達性作用--->品牌資產	0.571***	0.065	7.698	是
擬合指數：$CMIN$ = 873.358，DF = 245，$CMIN/DF$ = 2.991，CFI = 0.872，IFI = 0.872，GFI = 0.863，$AGFI$ = 0.856，$RMSEA$ = 0.063					

註：* 代表顯著水平 $P<0.05$，** 代表顯著水平 $P<0.01$，*** 代表顯著水平 $P<0.001$。

表 5-17 顯示，理論模型的結構方程分析的擬合指數均達到臨界要求：$CMIN$ = 873.358，DF = 245，$CMIN/DF$ = 2.991，CFI = 0.872，IFI = 0.872，

---

① 侯杰泰，溫忠麟，成子娟. 結構方程模型及其應用 [M]. 北京：教育科學出版社，2004.

$GFI=0.863$，$AGFI=0.856$，$RMSEA=0.063$。因此，本研究認為結構方程擬合度較好。

在估計結構方程模型的路徑係數時，當路徑係數相對應 T 值的絕對值大於 1.96，就可認為 T 值達到了顯著水平（$P<0.05$）（侯杰泰等，2004）。就參照群體作用三維度對品牌資產的影響而言，如表 5-17 所示：信息性作用對品牌資產影響的標準化路徑係數為 0.261，T 值達到顯著性水平，大於 1.96；功利性作用對品牌資產影響的標準化路徑係數為 -0.075，但是 T 值沒有達到顯著性水平，小於 1.96；價值表達性作用對品牌資產影響的標準化路徑係數為 0.571，T 值大於 1.96，達到顯著性水平，價值表達性作用對品牌資產的影響顯著。H1、H1a、H1c 得到了驗證，H1b 沒有得到驗證。

綜上，可以看出：
(1) 參照群體作用對品牌資產有顯著正向影響（$p<0.001$）；
(2) 信息性作用對品牌資產有顯著正向影響（$p<0.001$）；
(3) 功利性作用對品牌資產正向影響不顯著（$p>0.05$）；
(4) 價值表達性作用對品牌資產有顯著正向影響（$p<0.001$）；
所以，綜上可以看出假設 H1、H1a、H1c 成立，H1b 不成立。

5.3.2 參照群體對感知風險的影響

1. 參照群體對感知風險的影響

本書以參照群體作用為自變量，以感知風險為因變量，建立結構方程模型。本書研究理論模型相應變量間的影響關係，進行驗證的結果見表 5-18。

表 5-18　　參照群體作用與感知風險的關係模型檢驗結果

變量間關係	標準化路徑係數	標準誤	T 值	是否支持
參照群體作用--->感知風險	-0.263***	0.041	-3.833	是
擬合指數：$CMIN=766.505$，$DF=291$，$CMIN/DF=2.634$，$CFI=0.888$，$IFI=0.889$，$GFI=0.877$，$AGFI=0.851$，$RMSEA=0.062$					

* 代表顯著水平 $P<0.05$，** 代表顯著水平 $P<0.01$，*** 代表顯著水平 $P<0.001$。

表 5-18 顯示，理論模型的結構方程分析的擬合指數均達到臨界要求：$CMIN=766.505$，$DF=291$，$CMIN/DF=2.634$，$CFI=0.888$，$IFI=0.889$，$GFI=0.877$，$AGFI=0.851$，$RMSEA=0.062$。因此，本研究認為結構方程擬合度較好。

在估計結構方程模型的路徑系數時,當路徑系數相對應 T 值的絕對值大於 1.96,就可認為 T 值達到了顯著水平（$P<0.05$）（侯杰泰等,2004）。就參照群體作用對感知風險的影響而言,如表 5-18 所示:參照群體作用對感知風險影響的標準化路徑系數為 -0.263（$T>1.96$）,參照群體作用對感知風險負向影響顯著。H2 得到驗證。

2. 參照群體三維度對感知風險的影響

本書以參照群體作用三維度信息性作用、功利性作用和價值表達性作用為自變量,以感知風險為因變量,建立結構方程模型。研究框架模型相應變量間的直接影響關係,驗證的結果見表 5-19。

表 5-19　參照群體作用三維度與感知風險的關係模型檢驗結果

變量間關係	標準化路徑系數	標準誤	T 值	是否支持
信息性作用--->感知風險	-0.134 *	0.046	2.745	是
功利性作用--->感知風險	0.120 *	0.031	2.220	是
價值表達性作用--->感知風險	-0.327 ***	0.032	-3.698	是
擬合指數:$CMIN$=848.991,DF=292,$CMIN/DF$=2.908,CFI=0.866,IFI=0.867,GFI=0.870,$AGFI$=0.841,$RMSEA$=0.073				

*代表顯著水平 $P<0.05$,**代表顯著水平 $P<0.01$,***代表顯著水平 $P<0.001$。

表 5-19 顯示,基於理論模型的結構方程分析的擬合指數均達到臨界要求:$CMIN$=848.991,DF=292,$CMIN/DF$=2.908,CFI=0.866,IFI=0.867,GFI=0.870,$AGFI$=0.841,$RMSEA$=0.073。因此,本研究認為結構方程擬合度較好。

在估計結構方程模型的路徑系數時,當路徑系數相對應 T 值的絕對值大於 1.96,就可認為 T 值達到了顯著水平（$P<0.05$）（侯杰泰等,2004）。就參照群體三維度對感知風險的影響而言,如表 5-19 所示:信息性作用對感知風險影響的標準化路徑系數為 -0.134（$T>1.96$）,負向影響感知風險;功利性作用對感知風險影響的標準化路徑系數為 0.120（$T>1.96$）,正向影響感知風險;價值表達性作用對感知風險影響的標準化路徑系數為 -0.327（$T>1.96$）,負向影響感知風險;H2、H2a 和 H2c 得到了驗證,而 H2b 的檢驗結果與原假設相反,是正向影響感知風險。

綜上,可以看出:

(1) 參照群體作用對感知風險負向影響顯著（$p<0.001$）;

(2) 信息性作用對感知風險負向影響顯著（$p<0.05$）;

(3) 功利性作用對感知風險正向影響顯著（$p<0.05$）；
(4) 價值表達性作用對感知風險負向影響顯著（$p<0.001$）；
所以，綜上可以看出假設 H2、H2a 和 H2c 成立，H2b 與原假設相反。

5.3.3 遵從動機特徵的調節作用

如果變量 Y 和變量 X 的關係是變量 M 的函數，稱 M 為調節變量（Moderator），也就是說，Y 與 X 的關係受到變量 M 的影響，這種有調節變量的模型一般地可以用圖 5-5 示意。調節變量可以是定性的也可以是定量的，它影響因變量和自變量之間關係的方向（正或負）和強弱。

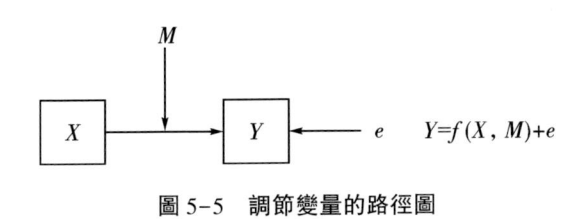

$$Y=f(X, M)+e$$

圖 5-5　調節變量的路徑圖

檢驗潛變量的調節效應，本書借鑑溫忠麟（2005）的方法。因為本研究調節變量是類別變量，自變量是連續變量，所以採用分組迴歸法，按調節變量的取值分組，做因變量 Y 對自變量 X 的迴歸，如果迴歸係數的差異顯著，則調節變量的調節效應顯著。

根據 Bearden，Netemetery 和 Teel（1989）[1]、林丹華等（2003）[2] 的相關研究，本書研究假設遵從動機在參照群體作用品牌資產的過程中具有調節作用，也就是遵從動機越高，受到的參照群體作用越大，反之，受到的參照群體作用越小。

本書驗證遵從動機的調節作用時，首先將被調查對象的遵從動機的三個指標進行聚類分析，分為高、低兩組；其中遵從動機高的有 115 個，遵從動機低的有 324 個。本書以信息性作用、功利性作用和價值表達性作用為自變量，品牌資產為因變量對兩組數據進行迴歸，迴歸結果見表 5-20。

---

[1] Bearden W O, Netemeyer R G, Teel J E. Measurement of Consumer Susceptibility to Interpersonal Influence [J]. Journal of Consumer Research, 1989 (15): 473-481.

[2] 林丹華, 方曉義. 青少年個性特徵、最要好同伴吸菸行為與青少年吸菸行為的關係 [J]. 心理發展與教育, 2003 (1): 31-36.

表 5-20　消費者遵從動機特徵調節下參照群體作用對品牌資產的迴歸結果

遵從動機	模型	非標準化系數 B	標準誤差	標準係數 試用版	t	Sig.	共線性統計量 容差	VIF
低	（常量）	2.552	0.257		9.920	0.000		
	信息性作用	0.125	0.076	0.154	1.922	0.056	0.791	1.264
	功利性作用	-0.089	0.055	-0.144	-1.725	0.086	0.866	1.155
	價值表達性作用	0.272	0.059	0.443	4.579	0.000	0.734	1.362
高	（常量）	1.949	0.203		9.622	0.000		
	信息性作用	0.223	0.053	0.212	4.184	0.000	0.810	1.234
	功利性作用	-0.078	0.040	-0.100	-1.967	0.049	0.795	1.257
	價值表達性作用	0.374	0.040	0.511	9.335	0.000	0.693	1.442

因變量：品牌資產

從表 5-20 中可以看出：①信息性作用對品牌資產的影響。遵從動機低組達到顯著水平（$p<0.1$），標準化系數是 0.154，遵從動機高組達到了顯著水平（$p<0.001$），標準化系數是 0.212，而且兩組的標準化系數具有顯著差異，所以遵從動機在信息性作用對品牌資產的影響過程中具有調節效應。②功利性作用對品牌資產的影響。遵從動機低組達到顯著水平（$p<0.1$），標準化系數是-0.144，遵從動機高組達到了顯著水平（$p<0.05$），標準化系數是-0.100（$p<0.05$），兩組的標準化系數存在顯著差異，所以遵從動機在功利性作用對品牌資產的影響過程中具有調節效應。③價值表達性作用對品牌資產的影響。遵從動機低和遵從動機高組都達到了顯著水平（$p<0.001$），在遵從動機低組，價值表達性的標準化系數是 0.443，在遵從動機高組，價值表達性的標準化系數是 0.551，兩組的標準化系數具有顯著差異，所以本書認為，遵從動機在價值表達性作用對品牌資產的影響過程中具有調節效應。

綜上，可以看出：

（1）消費者遵從動機特徵在信息性作用對品牌資產的影響過程中，調節效應顯著；

（2）消費者遵從動機特徵在功利性作用對品牌資產的影響過程中，調節效應顯著；

（3）消費者遵從動機特徵在價值表達性作用對品牌資產的影響過程中，調節效應顯著；

所以，假設 H3a，H3b 和 H3c 成立。

5.3.4 產品信息屬性的調節作用

根據劉芳芳、王琦（2012）和雷超、衛海英（2011）的相關研究，本書研究假設產品信息屬性在參照群體作用品牌資產的過程中具有調節作用，也就是搜索型產品和體驗型產品受到的參照群體作用是有所差異的。

本書驗證產品信息屬性的調節作用時，首先將被調查產品分為手機和旅遊兩組，其中手機樣本178個，旅遊樣本241個。本書以信息性作用、功利性作用和價值表達性作用為自變量，品牌資產作為因變量對兩組數據進行迴歸，迴歸結果見表5-21。

表 5-21　產品信息屬性調節下參照群體作用對品牌資產的迴歸結果

產品類型	模型	非標準化系數 B	標準誤差	標準系數 試用版	t	Sig.	共線性統計量 容差	VIF
手機	（常量）	1.992	0.226		8.805	0.000		
	信息性作用	0.163	0.066	0.161	2.470	0.014	0.756	1.323
	功利性作用	0.011	0.050	0.017	0.220	0.826	0.573	1.746
	價值表達性作用	0.036,1	0.057	0.489	6.295	0.000	0.533	1.875
旅遊	（常量）	2.188	0.206		10.648	0.000		
	信息性作用	0.176	0.057	0.200	3.068	0.002	0.762	1.312
	功利性作用	-0.036	0.047	-0.049	-0.760	0.448	0.786	1.273
	價值表達性作用	0.278	0.041	0.443	6.721	0.000	0.744	1.344

因變量：品牌資產

從表5-21可以看出：信息性作用對品牌資產的影響都達到了顯著水平（$p<0.1$），在手機組中，信息性標準系數是0.161，在旅遊組中，信息性標準化系數是0.200，具有一定的差異，所以本書認為，產品信息屬性在信息性作用對品牌資產的影響過程中具有調節效應；功利性作用對品牌資產的影響均未達到顯著；價值表達性作用對品牌資產的影響都達到了顯著，在手機組，價值表達性的標準化系數是0.489，旅遊的標準化系數是0.443，具有一定的差異，所以本書認為，產品信息屬性在價值表達性作用對品牌資產的影響過程中具有調節效應。

綜上，可以看出：

（1）產品信息屬性在信息性作用對品牌資產的影響過程中，調節效應顯著；

（2）產品信息屬性在功利性作用對品牌資產的影響過程中，調節效應

不顯著;

(3) 產品信息屬性在價值表達性作用對品牌資產的影響過程中,調節效應顯著。

所以,可以看出假設 H4a、H4c 成立,H4b 不成立。

5.3.5 感知風險的仲介作用

1. 仲介效應的含義

潛變量的仲介效應是該潛變量在一個變量對另一個變量的影響路徑中起著橋樑的傳導作用。按照溫忠麟《仲介效應檢驗程序及其應用》一文中的定義,當研究 X 自變量對 Y 因變量的影響時,如果 X 自變量對 Y 因變量的影響是通過另外一個 M 變量來實現的,這個變量 M 就被稱為仲介變量。

假設自變量 X、仲介變量 M 和因變量 Y 都已經中心化,可用下列方程來描述變量之間的關係(相應的路徑圖見圖 5-6)。

$$Y = cX + e_1 \tag{1}$$
$$M = aX + e_2 \tag{2}$$
$$Y = c'X + bM + e_3 \tag{3}$$

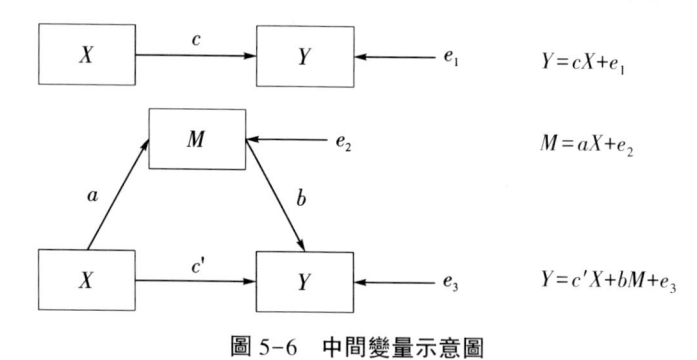

圖 5-6 中間變量示意圖

2. 仲介效應的檢驗步驟

本研究對仲介效應的檢驗,借鑑了溫忠麟等(2004)[①] 的方法,如圖 5-7 仲介效應檢驗程序所示,主要包括下面幾個步驟。

第一,本研究首先檢驗迴歸系數 c,在 c 檢驗結果顯著的情況下,才有必要進行第二步。如果 c 檢驗結果不顯著,則停止此次檢驗。

---

① 溫忠麟,張雷,侯杰泰,劉紅雲. 仲介效應檢驗程序及其應用 [J]. 心理學報,2004,36 (5): 614-620.

第二，按 Baron 和 Kenny[1]，來進行部分仲介檢驗，也就是依次檢驗系數 a 和檢驗系數 b。如果系數 a 和系數 b 的檢驗結果都顯著，那說明變量 M 在自變量 X 對因變量 Y 的影響過程中至少發揮部分仲介作用，接下來進行第三步。如果系數 a 和系數 b 至少有一個不顯著，說明該檢驗的效果不好，還不能得出結論，要跳到第四步。

　　第三，按 Judd 和 Kenny[2]，來進行完全仲介檢驗，檢驗迴歸系數 c'，如果系數 c' 檢驗不顯著，說明自變量 X 對因變量 Y 的影響完全是通過變量 M 來實現的，是完全仲介過程；如果系數 c' 檢驗顯著，說明只是部分仲介過程，即 X 對 Y 的影響只有一部分是通過仲介變量 M 實現的，檢驗結束。

　　第四，做 Sobel[3] 檢驗，如果檢驗結果顯著，說明變量 M 的仲介效應顯著，否則說明變量 M 的仲介效應不顯著，檢驗結束。

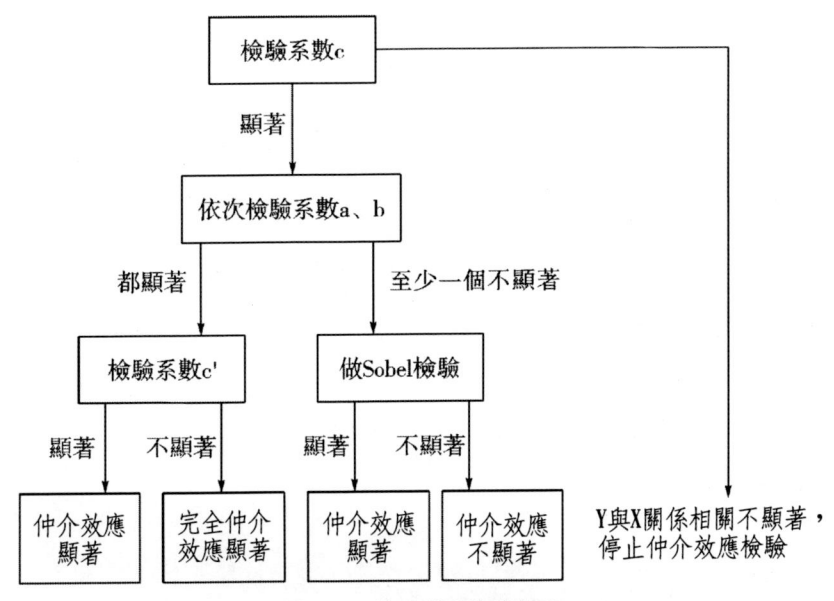

圖 5-7　仲介效應檢驗程序

資料來源：溫忠麟，張雷，侯杰泰，劉紅雲．仲介效應檢驗程序及其應用 [J]．心理學報，2004，36 (5)：614-620．

---

　　[1] Baron R M, Kenny D A. The moderator 2 mediator variable distinction in social psychological research: Conceptual, strategics, and statistical considerations [J]. Journal of Personality and Social Psychology, 1986, 51 (6): 1173-1182.

　　[2] Judd C M, Kenny D A. Process analysis: Estimating mediation in treatment evaluations [J]. Evaluation Review, 1981, 5 (5): 602-619.

　　[3] Sobel M E. Asymptotic c confidence intervals for indirect effect s in structural equation models [J]. Sociological methodology, 1982, 13: 290-312.

根據 Witt 和 Bruec（1972）、Childers 和 Rao（1992）、Erdem（1998）、Chaudhuri 和 Holbrook（2001）、胡道瑞（2011）、楊園園（2013）等的相關研究可知，參照群體會影響消費者的心理反應——感知風險，消費者的感知風險會影響其品牌信任和品牌情感、口碑信息使用、品牌忠誠、新產品使用和知名品牌依賴等品牌資產維度，參照群體作用通過感知風險會對購買意願帶來影響。所以本書提出假設——參照群體作用通過感知風險影響消費者的品牌態度和行為，也就是品牌資產。

3. 感知風險在參照群體對品牌資產影響過程中的仲介作用

本書驗證感知風險在參照群體作用品牌資產的影響中的仲介作用時，首先檢驗參照群體作用與品牌資產的相關性，其次做部分仲介檢驗。通過檢驗得出感知風險在參照群體作用品牌資產的過程中具有部分仲介作用。

表 5-22　感知風險對參照群體作用與品牌資產的仲介效應檢驗結果

路徑	在結構方程中的估計		結果
	標準化路徑系數	T 值	
參照群體作用--->品牌資產	0.661***	7.558	顯著
參照群體作用--->感知風險	-0.335***	-4.101	顯著
感知風險--->品牌資產	-0.453***	-7.727	顯著
整體仲介模型			
參照群體作用--->品牌資產	0.536***	7.075	顯著
擬合指數：$CMIN$ = 1,454.257，DF = 651，$CMIN/DF$ = 2.234，CFI = 0.887，IFI = 0.887，GFI = 0.860，$AGFI$ = 0.859，$RMSEA$ = 0.054			

* 代表顯著水平 $P<0.05$，** 代表顯著水平 $P<0.01$，*** 代表顯著水平 $P<0.001$。

從表 5-22 中可以看出，當自變量和仲介變量同時對因變量進行迴歸時，參照群體作用對品牌資產具有顯著的正向作用（標準化路徑系數為 0.661，$P<0.001$）；參照群體作用對感知風險具有顯著的負向作用（標準化路徑系數為 -0.335，$P<0.001$）；感知風險對品牌資產具有顯著的負向作用（標準化路徑系數為 -0.453，$P<0.001$）；當自變量對因變量進行迴歸時，參照群體作用對品牌資產具有顯著的正向作用（標準化路徑系數為 0.536，$P<0.001$），這滿足仲介效應檢驗的條件，結果說明，感知風險在參照群體作用品牌資產的過程中具有部分仲介作用。

再有，模型的擬合指數：$CMIN$ = 1,454.257，DF = 651，$CMIN/DF$ = 2.234，CFI = 0.887，IFI = 0.887，GFI = 0.860，$AGFI$ = 0.859，$RMSEA$ =

0.054，說明模型擬合較好。

綜上，感知風險在參照群體作用對品牌資產影響過程中具有部分仲介作用，假設 H5 成立。

4. 感知風險在參照群體作用三維度對品牌資產影響過程中的仲介作用

本書驗證了感知風險在參照群體作用三維度影響品牌資產過程中的仲介作用時，首先檢驗參照群體作用三維度與品牌資產的相關性，其次做部分仲介檢驗。通過檢驗得出感知風險在信息性作用和功利性作用影響品牌資產的過程中具有部分仲介作用。具體結果見表 5-23。

表 5-23　感知風險對參照群體作用三維度與品牌資產的仲介效應檢驗結果

路徑	在結構方程中的估計 標準化路徑系數	T 值	結果
信息性作用--->品牌資產	0.162***	3.224	顯著
信息性作用--->感知風險	−0.123*	2.324	顯著
功利性作用--->品牌資產	−0.018	−0.439	不顯著
功利性作用--->感知風險	0.118*	−2.246	顯著
價值表達性作用--->品牌資產	0.464***	7.462	顯著
價值表達性作用--->感知風險	−0.264***	−3.748	顯著
感知風險--->品牌資產	−0.480***	−7.747	顯著
整體仲介模型			
信息性作用--->品牌資產	0.261***	3.496	顯著
功利性作用--->品牌資產	−0.075	−1.352	不顯著
價值表達性作用--->品牌資產	0.571***	7.698	顯著
擬合指數：$CMIN = 1,627.734$，$DF = 650$，$CMIN/DF = 2.504$，$CFI = 0.862$，$IFI = 0.863$，$GFI = 0.854$，$AGFI = 0.853$，$RMSEA = 0.050$			

＊代表顯著水平 $P<0.05$，＊＊代表顯著水平 $P<0.01$，＊＊＊代表顯著水平 $P<0.001$。

從表 5-23 中可以看出，當自變量和仲介變量同時對因變量進行迴歸時，信息性作用對品牌資產具有顯著的正向作用（標準化路徑系數為 0.162，$P<0.001$）；信息性作用對感知風險具有顯著的負向作用（標準化路徑系數為 −0.123，$P<0.05$）；感知風險對品牌資產具有顯著的負向作用（標準化路徑系數為 −0.480，$P<0.001$）；當自變量對因變量進行迴歸時，信息性作用對品牌資產具有顯著的正向作用（標準化路徑系數為 0.261，$P<0.001$）。這滿足仲介效應檢驗的條件，結果說明，感知風險在信息性作用對品牌資產的影響過程中具有部分仲介作用。

当自變量對因變量進行迴歸時，功利性作用對品牌資產的影響不顯著，所以不再進行接下來的檢驗，感知風險在功利性作用對品牌資產的影響過程中充當仲介作用沒有得到驗證。

當自變量和仲介變量同時對因變量進行迴歸時，價值表達性作用對品牌資產具有顯著的正向作用（標準化路徑系數為 0.464，$P<0.001$）；價值表達性作用對感知風險具有顯著的負向作用（標準化路徑系數為 -0.118，$P<0.05$）；感知風險對品牌資產具有顯著的負向作用（標準化路徑系數為 -0.480，$P<0.001$）；當自變量對因變量進行迴歸時，價值表達性作用對品牌資產具有顯著的正向作用（標準化路徑系數為 0.571，$P<0.001$）。這滿足仲介效應檢驗的條件，結果說明，感知風險在價值表達性作用對品牌資產的影響過程中具有部分仲介作用。

再有，模型的擬合指數：$CMIN = 1,627.734$，$DF = 650$，$CMIN/DF = 2.504$，$CFI = 0.862$，$IFI = 0.863$，$GFI = 0.854$，$AGFI = 0.853$，$RMSEA = 0.050$，說明模型擬合較好。

綜上可以看出，感知風險對信息性作用和價值表達性作用與品牌資產之間具有部分仲介作用，假設 H5a 和 H5c 成立；H5b 不成立。

5.4　本章小結

本章通過問卷調查法收集數據，並對數據進行了檢驗，驗證了第三章的理論模型和相關假設，主要包括以下三部分：

第一，本研究通過紙質問卷和電子問卷收到 604 份問卷，其中有效問卷 429 份，符合本研究對樣本的要求。本研究對數據進行描述性統計性分析、同源誤差檢驗和相關性分析，為接下來的結構方程檢驗和分組迴歸分析奠定了基礎。

第二，本研究對於收集的 429 份有效問卷進行了信度和效度檢驗，參照群體作用、感知風險、品牌資產和遵從動機的量表均通過了檢驗，所以可以對數據進行接下來的假設驗證。

第三，在以上工作的基礎上，應用結構方程驗證了本研究提出的理論模型和相關假設，驗證自變量與因變量，即參照群體作用與品牌資產之間的關係，研究得出參照群體作用、信息性作用和價值表達性作用對品牌資產具有顯著影響；應用結構方程驗證了本研究提出的理論模型和相關假

設，驗證自變量與仲介變量，即參照群體作用與感知風險之間的關係，研究得出參照群體作用、信息性作用、功利性作用和價值表達性作用對感知風險具有顯著影響；應用分組迴歸法驗證調節變量，即消費者遵從動機特徵和產品信息屬性在信息性作用、功利性作用和價值表達性作用與品牌資產關係的調節作用。研究得出消費者遵從動機特徵在信息性作用、功利性作用和價值表達性作用與品牌資產之間具有調節作用，產品信息屬性在信息性作用和價值表達性作用與品牌資產之間具有調節作用。採用整合模型驗證仲介變量，即感知風險的仲介效應檢驗，研究得出感知風險在參照群體作用、信息性作用和價值表達性作用與品牌資產之間具有部分仲介作用。

6 研究結論與展望

6.1 研究結論

6.1.1 研究結果

本研究從現實中品牌資產的重要性以及參照群體對品牌資產影響的實際案例出發，在對參照群體、品牌資產和感知風險的相關研究進行梳理、歸納和分析後，基於 Mehrabian 和 Russell 提出的 S-O-R（刺激-機體-反應）理論，構建了參照群體對品牌資產的影響機制的理論模型，並提出了參照群體作用、品牌資產、感知風險、消費者遵從動機特徵和產品信息屬性等變量之間的關係假設。

在提出了參照群體對品牌資產的影響機制的理論模型與研究假設後，本研究對理論模型進行精確的度量和實證的檢驗，共包括五部分，第一部分是參照群體作用及其三維度對品牌資產的影響；第二部分是參照群體作用及其三維度對感知風險的影響；第三部分是消費者遵從動機特徵在參照群體作用三維度影響品牌資產過程中的調節作用；第四部分是產品信息屬性在參照群體作用三維度影響品牌資產過程中的調節作用；第五部分是感知風險在參照群體作用及其三維度影響品牌資產過程中的仲介作用。

本書共形成18個理論假設，在這18個理論假設中，有15個理論假設得到了支持，有3個沒有得到支持，具體情況如表6-1本書研究假設匯總所示。

表 6-1　　　　　　　　　　本書研究假設驗證結果匯總

編號	研究假設	驗證結果
1	H1 參照群體作用正向影響品牌資產	支持
2	H1a 信息性作用正向影響品牌資產	支持
3	H1b 功利性作用正向影響品牌資產	不支持
4	H1c 價值表達性作用正向影響品牌資產	支持
5	H2 參照群體作用負向影響感知風險	支持
6	H2a 信息性作用負向影響感知風險	支持
7	H2b 功利性作用負向影響感知風險	反向支持
8	H2c 價值表達性作用負向影響感知風險	支持
9	H3a 消費者遵從動機特徵在信息性作用和品牌資產之間具有調節作用	支持
10	H3b 消費者遵從動機特徵在功利性作用和品牌資產之間具有調節作用	支持
11	H3c 消費者遵從動機特徵在價值表達性作用和品牌資產之間具有調節作用	支持
12	H4a 產品信息屬性在信息性作用和品牌資產之間具有調節作用	支持
13	H4b 產品信息屬性在功利性作用和品牌資產之間具有調節作用	不支持
14	H4c 產品信息屬性在價值表達性作用和品牌資產之間具有調節作用	支持
15	H5 參照群體作用正向影響品牌資產，感知風險充當仲介作用	部分仲介
16	H5a 信息性作用正向影響品牌資產，感知風險充當仲介作用	部分仲介
17	H5b 功利性作用正向影響品牌資產，感知風險充當仲介作用	不支持
18	H5c 價值表達性作用正向影響品牌資產，感知風險充當仲介作用	部分仲介

6.1.2　研究討論

由假設檢驗結果匯總可以看出，本研究 18 個假設中，其中 H1、H1a、H1c、H2、H2a、H2c、H3a、H3b、H3c、H4a、H4c、H5、H5a、H5c 得到支持，H2b 的檢驗結果與假設的影響方向相反，H1b、H4b、H5b 未得到支持。接下來本書將結合相關理論，對以上檢驗結果進行深入地討論和分析，並對導致未通過驗證的假設的原因進行解釋。

1. 參照群體對品牌資產的影響

本書首先界定了參照群體作用及其三維度——信息性作用、功利性作用和價值表達性作用的概念，品牌資產及其四維度感知質量、品牌情感、品牌忠誠和溢價支付意願的概念，基於相關理論和已有研究，提出了 H1，

也就是參照群體作用正向影響品牌資產，包括 H1a、H1b、H1c 三個假設。本書實證驗證了 H1、H1a、H1c 假設，也就是參照群體作用正向影響品牌資產顯著，信息性作用正向影響品牌資產顯著，價值表達性作用正向影響品牌資產顯著，H1、H1a、H1c 得到了支持；沒有驗證 H1b，也就是功利性作用正向影響品牌資產不顯著。

功利性作用是消費者在購買的過程中，為了建立滿意的關係而遵從參照群體的期望和偏好，以獲得讚揚和避免懲罰來進行相應的消費決策，其中包括家庭成員、同事、社交圈的偏好和期望。H1b 功利性作用正向影響品牌資產不明顯。究其原因，主要有幾個方面：第一，因為本研究的樣本偏年輕、學歷偏高，更加追求個性化消費，很多消費者會做出不同於他人的品牌選擇；第二，即使消費者是為了獲得家庭成員、同事、社交圈的期望和偏好做出品牌購買決策，可能只是為了降低感知風險而做出了購買行為，但是對其內心的感知質量、品牌情感、品牌忠誠和溢價支付意願沒有積極影響。

2. 參照群體對感知風險的影響

本書首先界定了參照群體作用及其三維度——信息性作用、功利性作用和價值表達性作用的概念，感知風險及其四維度——績效風險、財務風險、社會風險和心理風險的概念，基於相關理論和已有研究，提出了 H2，也就是參照群體作用負向影響感知風險，包括 H2a、H2b、H2c 三個假設。本書實證驗證了 H2、H2a、H2c 假設，也就是參照群體作用負向影響感知風險，信息性作用負向影響感知風險，價值表達性作用負向影響感知風險，H2、H2a、H2c 得到了支持，H2b 得到反向支持，得到的結論是功利性作用正向影響感知風險。這說明功利性作用也就是遵從家庭成員、同事、社交圈的期望和偏好對於消費者來說是負面的感受，會帶來感知風險。

3. 消費者遵從動機特徵在參照群體影響品牌資產過程中的調節作用

不同的消費者在受到參照群體作用時，其消費態度和消費行為影響是不一樣的，所以，本書基於相關理論和已有研究，提出信息性作用、功利性作用和價值表達性作用正向影響品牌資產，會受到遵從動機的調節作用，也就是 H3a、H3b、H3c 三個假設。本書實證驗證了 H3a、H3b、H3c 假設，也就是消費者遵從動機特徵在信息性作用、功利性作用和價值表達性作用影響品牌資產時，具有調節作用。

4. 產品信息屬性在參照群體影響品牌資產的過程中調節作用

在參照群體作用下，消費者在購買不同產品時，其消費態度和消費行

為影響是不一樣的,所以,本書基於相關理論和已有研究,提出信息性作用、功利性作用和價值表達性作用正向影響品牌資產,會受到產品信息屬性的調節作用,也就是 H4a、H4b、H4c 三個假設。本書實證驗證了 H4a、H4c 假設,也就是信息性作用和價值表達性作用正向影響品牌資產時,產品信息屬性具有調節作用。H4b 沒得到支持,因為功利性作用對品牌資產的影響在手機組和旅遊組中均不顯著。

5. 感知風險在參照群體對品牌資產的影響的過程中的仲介作用

參照群體和消費者認知,會影響消費者的品牌購買心理或行為,而涵蓋這一內容最合適的變量是品牌資產,本書根據相關理論和已有研究,提出感知風險會在參照群體作用對品牌資產的影響的過程中具有仲介作用,也就是 H5,包括 H5a、H5b、H5c 三個假設。本書實證驗證了 H5、H5a、H5c 假設,也就是感知風險在參照群體作用對品牌資產的影響的過程中的仲介作用,感知風險在信息性作用對品牌資產的影響的過程中的仲介作用,感知風險在價值表達性作用對品牌資產的影響的過程中的仲介作用,H5、H5a、H5c 得到了支持,H5b 沒得到支持,主要是因為功利性作用對品牌資產的影響不顯著。

6.2 研究貢獻

6.2.1 理論價值

參照群體和品牌資產理論是學術界的重要研究課題,對參照群體的研究主要集中在參照群體概念的界定和類型的劃分、參照群體作用維度的研究和參照群體對消費者態度和行為的影響研究;品牌資產的研究主要集中在品牌資產的概念內涵、品牌資產的形成機理、測評體系和營銷變量對品牌資產的影響研究。但是,從顧客角度來研究參照群體對品牌資產的影響較少,缺乏系統性。

本書從顧客角度,來研究參照群體對品牌資產的影響機制,主要理論意義體現在:

(1) 豐富了品牌資產理論的研究視角

品牌資產是由企業的營銷活動創造出來的,因此企業的營銷策略對品牌資產的影響受到了企業界的高度重視。關於品牌資產的影響因素中,已

有研究成果主要是從企業營銷組合的產品、價格、促銷和渠道等營銷變量對消費者影響的角度來進行，本書是從參照群體的角度來研究其對品牌資產的影響，擴展了品牌資產研究的視角。通過研究發現，參照群體作用對品牌資產正向影響顯著，這為企業從參照群體的角度來進行品牌管理以及提高品牌資產提供了依據。

（2）分析了參照群體作用的不同維度對品牌資產的影響

關於參照群體對消費者品牌態度和行為的影響的研究較多，如參照群體作用會對產品評價、感知價值、口碑推薦、品牌知識和重購意願、自我品牌聯繫、溢價支付意願、炫耀性購買和衝動型購買帶來影響。但是，以參照群體作用三維度作為自變量，以品牌資產作為因變量的研究比較缺乏，因此，本書研究參照群體作用三維度——信息性作用、功利性作用和價值表達性作用對品牌資產的影響。通過研究發現，與已有研究相吻合的是信息性作用和價值表達性作用對品牌資產影響顯著，但是，功利性作用對品牌資產影響不顯著，這與已有研究有差異。所以，採用功利性作用來進行品牌傳播應該慎重，應根據企業具體情況進行選擇，本書豐富了參照群體和品牌資產的相關理論。

（3）驗證了參照群體作用對感知風險的影響

在參照群體對感知風險的影響的研究中，大多數是停留在定性的研究，實證較少，本書從參照群體作用方式三維度——信息性作用、功利性作用和價值表達性作用入手，分析其對品牌資產的影響，通過實證研究發現，與已有研究吻合的是信息性作用和價值表達性作用對感知風險負向影響顯著。但是，功利性作用對感知風險正向影響顯著與已有研究有差異。本書豐富了參照群體和感知風險的相關理論。

（4）實證了消費者遵從動機特徵對參照群體影響品牌資產的調節作用

在不同的消費者購買產品時，參照群體作用對其購買品牌的態度和行為的影響是有差異的，基於此，本書提出並驗證了消費者遵從動機特徵對參照群體影響品牌資產的調節作用。通過研究發現，在信息性作用對品牌資產產生影響的過程中，遵從動機高組和遵從動機低組檢驗都顯著；在功利性作用對品牌資產產生影響的過程中，遵從動機高組檢驗顯著，而遵從動機低組檢驗不顯著；在價值表達性作用對品牌資產產生影響的過程中，遵從動機高組和遵從動機低組檢驗都顯著，遵從動機高組受到的影響明顯高於遵從動機低組。這為企業制定深入的品牌策略提供了依據，豐富了相關理論的研究。

(5) 實證了產品信息屬性對參照群體影響品牌資產的調節作用

消費者在購買不同的產品時，參照群體作用對其購買品牌的態度和行為的影響是有差異的，基於此，本書提出並驗證了產品信息屬性對參照群體影響品牌資產的調節作用。通過研究發現，在信息性作用對品牌資產產生影響的過程中，手機組和旅遊組檢驗顯著；在功利性作用對品牌資產產生影響的過程中，購買手機組和旅遊組檢驗不顯著；在價值表達性作用對品牌資產產生影響的過程中，購買手機組和旅遊組檢驗都顯著。這為企業制定深入的品牌策略提供了依據，豐富了相關理論的研究。

(6) 實證了參照群體對品牌資產的作用機制

關於參照群體對品牌態度和行為的影響的研究較多，品牌資產是最能涵蓋品牌態度和品牌行為的構念，關於參照群體對品牌資產的影響及其影響機制的研究較少。因此，本書在參照群體已有研究的基礎上，進一步總結和歸納了參照群體的內涵、參照群體的作用方式、參照群體的效應，並在此基礎上提出了參照群體對品牌的作用機制是通過降低顧客的感知風險來提高品牌資產。具體貢獻包括：第一，提出和驗證了感知風險在參照群體作用對品牌資產的影響過程中具有仲介作用；第二，提出和驗證了感知風險在信息性作用和價值表達性作用對品牌資產的影響過程中具有仲介作用。

6.2.2 現實價值

參照群體會對品牌資產產生正向影響，而在現實社會中，企業營銷涉及參照群體的品牌營銷活動包括信息交流、廣告策劃和虛擬社區管理等方面。本研究發現信息性作用和價值表達性作用會對品牌資產產生正面影響，所以，企業可在品牌傳播策略方面，從參照群體的角度來考量品牌傳播的主體、品牌傳播的內容、品牌傳播的目標受眾和品牌傳播手段等方面。

品牌傳播[1]是品牌所有者通過各種傳播手段持續地與目標受眾交流，最優化地增加品牌資產的過程。品牌傳播策略涉及品牌傳播的主體、品牌傳播的內容、品牌傳播的受眾和品牌傳播手段等方面。

1. 品牌傳播的主體

品牌傳播的主體是品牌傳播的管理者。在新媒體時代，品牌傳播的主體可以是企業首席執行官（CEO）、員工，也可以是企業的代言人、輿論

---

[1] 餘偉萍. 品牌管理 [M]. 北京：清華大學出版社，2007.

領袖，甚至是普通的消費者、大眾。當消費者面臨購買決策時，會尋找可靠、權威的信息。所以，基於參照群體的角度，企業在進行品牌傳播時，選擇的品牌傳播主體有普通人、名人、專家和經理等。

(1)「普通人」效應

消費者在購買決策過程中，往往會從身邊的普通人獲取信息，如家人、朋友、同事，也會向購買過此品牌的消費者詢問信息，還會收集具有購買經驗的消費者評價。所以，當企業產品面向普通大眾時，可以用「普通人」來進行宣傳。因為是「普通人」，所以會使得潛在消費者覺得他們更加親近、更加平和，從而引起消費者的共鳴，使得宣傳傳遞的信息更容易被潛在消費者接受。

因為潛在消費者會覺得宣傳的人就像是自己身邊的人，或者就像自己。像北京大寶化妝品公司、寶潔公司等都曾用「普通人」作廣告代言人，效果不錯。還有一些企業在電視廣告中展示普通家庭或普通消費者如何用廣告中的產品來解決其遇到的問題，是如何從產品的消費中獲得樂趣，等等。由於這類廣告主體貼近消費者，反應了消費者的現實生活，因此，他們可能更容易獲得認可。

(2) 名人效應

渴望群體，他們對部分消費者消費觀念的作用不可忽視，有時甚至超過了主要群體所起的作用，這也是各大企業高價聘請名人擔當產品代言人的原因。因為明星對潛在消費者可以起到示範性作用，促使崇拜他的消費者進行模仿。有研究發現名人效應對青少年群體產生的影響更加顯著。在使用名人作代言人時需注意其形象與產品的一致性和在消費者心目中的公信力。運用名人效應的方式多種多樣，如：可以用名人作為產品或公司代言人，即將名人與產品或公司聯繫起來，使其在媒體上頻頻亮相；也可以用名人作證詞廣告，即在廣告中引述廣告產品或服務的優點和長處，或介紹其使用該產品或服務的體驗；還可以將名人的名字用於產品或包裝上。

對於企業來說，用名人做廣告，首先，應考慮產品或服務形象與名人形象的一致性，並不是任何名人都適合為企業做產品宣傳。其次，要考慮名人在受眾中的公信力。公信力主要由兩方面所決定：一是名人的專長性，二是名人的可信度。專長性是指名人對所宣傳的產品是否熟悉，是否有使用體驗。由著名運動員來宣傳某種運動飲料或與運動有關的產品如運動鞋、運動服，無疑是比較適合的。如果由他來介紹食品的營養或室內應怎樣布置就不一定適合。因為運動員可能並不是這些方面的專家。可信度則是名人所做的宣傳、推薦是否誠實，是否值得信賴。如果一位名人同時

為多家企業做廣告，那麼在受眾眼裡，他的可信度肯定要打折扣，因為他這樣做明顯是受金錢驅動。最後，企業和名人都應採取必要措施以確保廣告內容的忠實性。近些年，國內一些名人就因為不謹慎或不負責任地為企業做廣告，受到輿論的譴責，甚至引起法律訴訟，這類事件值得名人和做名人廣告的企業引以為戒。

（3）專家效應

專家具有專門的知識、豐富的經驗，相對於普通大眾，更有影響力和公信力。所以，當消費者面臨比較複雜的購買決策時，會期望從某一產品領域的專家處獲取信息，因為消費者覺得專家的信息更有權威性。企業在選擇專家進行品牌宣傳時，一定要注意專家是否對普通大眾具有權威性，這將會直接影響到專家效應的結果。當然，在運用專家效應時，一方面應注意法律的限制，如有的國家不允許醫生為藥品作證詞廣告；另一方面，應避免公眾對專家的公正性、客觀性產生懷疑。

根據專家真實程度，可將廣告中的專家分為兩類：一類是用現實中在某個領域比較有知識、有經驗的人來扮演專家形象。這些人由於知識及經驗豐富，用他們扮演專家具有很強的說服力，例如，用運動員為某特定的運動器材做廣告。另一類是廣告模特。他們並不是現實生活中的專家，但是他們扮演專家的角色。例如，高露潔牙膏在廣告中用戴眼鏡的男性代表牙科博士。

（4）經理型代言人

如今，越來越多的企業總裁或者總經理為其公司的廣告或者活動代言，如聚美優品 CEO 及創始人陳歐、格力電器股份有限公司董事長董明珠、茵曼董事長方建華。他們在廣告中或者活動中積極勸說，傳播自己的品牌信息，獲得成功。也有的企業通過發明人的名字和圖像進行宣傳，這也是經理型代言人的應用。企業總裁或者總經理取得的成就和不凡的經歷一般會受到民眾的敬仰，具有很多光環。他們在廣告中為品牌代言，一方面會吸引消費者的注意力，另一方面也說明了公司高層對消費者利益的重視，進而提高消費者對企業和產品的信心。

2. 品牌傳播的內容

品牌傳播的內容就是品牌信息，從參照群體的角度來看，品牌傳播的內容除了包括品牌的名稱、符號、標語和包裝以外，還可以從信息性作用、功利性作用、價值表達性作用和感知風險來考慮。

（1）信息性作用內容

消費者購買行為由消費者感知風險的高低決定，而消費者感知風險的

高低很大程度上取決於消費者獲得的信息，以及對自己判斷的自信度。信息性作用是消費者將群體內其他成員的觀念、意見、行為作為有用的信息予以參考，並因此而影響其行為。信息可能是消費者與他人閒談時得知的，也可能是觀察別人使用的品牌得知的，這些都是信息性作用的體現。比如，當一個人購買手機時，對某個品牌的瞭解可能通過與朋友的聊天，也可能通過網上信息收集。信息性作用之所以發揮作用，是因為消費者希望在購買過程中掌握充分的信息，做出正確的決策。本研究得出信息性作用對品牌資產的影響顯著，所以，企業可利用參照群體的信息性作用給品牌資產帶來積極影響。

(2) 功利性作用內容

功利性作用是參照群體通過成員的期望和偏好對個體消費態度、行為產生的比較作用。當消費者知道購買某品牌會受到參照群體的心理上或社會上的獎賞或者懲罰時，就會在對品牌的認識上、情感上或者行為上產生變化，這就是功利性作用。功利性作用之所以發揮作用，是因為消費者作為一個社會人，會受到他人的影響。本研究得出功利性作用對品牌資產影響不顯著，但是對於遵從動機高的消費者，功利性作用對品牌資產的影響顯著。所以，企業在利用功利性作用對消費者施加影響時，需要慎重，應結合企業面臨的實際情況來進行選擇。針對有些消費者和有些產品，即使消費者面對參照群體的壓力，他的品牌的態度和行為也未必會發生顯著變化。

(3) 價值表達性作用內容

價值表達性作用是參照群體的信念和價值觀對個體消費態度和行為產生的比較作用。消費者在購買決策中，一方面會通過模仿和效仿該群體的某些行為來表現出隸屬於該群體，借助該群體的形象來表達自己的形象；另一方面，出於對某個群體的喜愛和好感，有心理上從屬於某個群體的需求，通過與這一參照群體做出一致的消費行為來對該群體做出積極的反應。例如，某位消費者發現很多有成就的人都喜歡去某地旅遊，為了提升自己在他人心目中的形象，就會去相同的旅遊地，這就是價值表達性作用。所以企業在品牌管理時，需要設計好品牌形象，成為消費者追求的品牌。

(4) 感知風險內容

感知風險是消費者在購買決策中，產品（服務）不能滿足其消費預期的主觀可能性和錯誤決策帶來的風險。消費者感知風險越高，消費者的感知價值會越低，則消費者的購買意願越低、消費者滿意度越低，消費者的

再購行為、情感承諾和推薦意願也會越低。本次研究通過調查得知，消費者在網上購物時，相對於好評，更關注差評，這證明了消費者的感知風險在購買決策中影響重大。所以，對於企業來說，降低顧客的感知風險更為重要，本書研究得出參照群體是降低顧客感知風險的因素，所以，通過參照群體來降低感知風險是企業可以考慮的一個途徑。面對消費者的差評，企業可以通過一定的售後補救措施，重新獲得消費者的好評，這對於其他的消費者來說是一個降低感知風險的有效途徑。所以，為了提高企業品牌傳播的效果，企業在傳播品牌信息的過程中應該從降低感知風險考慮。

3. 品牌傳播的受眾

品牌傳播的受眾①是品牌信息的接收者，是各類媒體內容或表演的讀者、聽眾或觀眾，但是在實際運用中又呈現出多元化和複雜化的現實。對於品牌傳播而言，其行為的客體應該是包含消費者在內的受眾，而不僅僅是單純的消費者。品牌傳播的受眾包括作為大眾的受眾，作為目標群體的受眾和作為消費者的受眾。

（1）作為大眾的受眾

品牌傳播的受眾，首先就是作為大眾存在的，如商場門口表演的圍觀群眾、體育比賽的觀眾、布告通知的熱心讀者等等。在我們所處的大眾傳播時代，受眾概念的形成也更多的是大眾媒介誕生的對應性產物。大眾媒介的受眾隨著媒介的出現而產生，報紙、電影、廣播、電視、網路日益成為人們社會生活信息的主要來源，也由此而創造了真正意義上的作為大眾的受眾。他們可以對任何品牌信息進行收集、點評、欣賞、批評和指責，眾多買不起奢侈品的普通大眾，仍然接觸到這些奢侈品品牌，而且他們會對買得起奢侈品的有錢人的消費行為做出評價；同樣身居豪門、身家億萬的有錢人，也是大眾的一部分，他們也會接觸、接受中低檔品牌，甚至是這些品牌的經營者，也會對普通大眾的消費行為帶來影響。

作為品牌傳播受眾的大眾，人數眾多，超過任何可以進行界定的社會群體，他們未必會成為特定品牌的消費者，但是對品牌的輿論卻往往使得品牌具有非常巨大的影響力；大眾人數眾多，分布範圍廣泛，各個成員之間是陌生的關係，但又總是處在流動變化之中，這就使得他們可以因為特定信息的引導而在意見上和行動上趨同。也恰恰因為這樣的特徵，使得各種類型的社會組織都希望通過影響大眾，進而引導大眾，使得大眾在意見上和行動上趨同於對社會組織有利的方面。

---

① 舒咏平. 品牌傳播教程 [M]. 北京：北京師範大學出版社，2013.

（2）作為目標群體的受眾

特定的傳媒和傳媒主體往往關注的不是作為大眾的受眾，一般情況下是具有特定目標的受眾群體。因為這些目標群體的受眾，對一個組織具有實際上的意義，他們通常被稱為「利益關係人」，他們對於彼此利益有著互惠互利性。

作為目標群體的受眾呈現出碎片化趨勢——社會階層的多元裂化，使得消費者細分，媒體也小眾化，同時有具有多重性——特定群體的成員往往具有多個群體的特性，那麼對於特定的媒體和傳播主體來說，就需要按照自身的目標來對特定的目標群體進行重新聚合。換句話說，碎片化、多重性使得目標群體的重新聚合成為可能，而只有特定媒體和傳播主體依據自身的需求設定目標，這樣聚合的可能性才能實現。

（3）作為消費者的受眾

作為消費者的受眾，是指對於不同品牌存在著消費行為或可能消費行為的品牌信息受眾。依據行為心理的邏輯，任何人在接收到品牌信息，並產生了一系列的心理變化之後，才可能產生消費行為。所以，把消費者當作受眾來認識，更加尊崇消費者的主體地位，按照消費者的心理需求與邏輯來傳遞品牌信息，進而滿足其消費行為，這就是信息社會的進步。

作為消費者的受眾，一方面是品牌信息的接受者，一方面是品牌信息的消費者。作為消費者的受眾首先是受眾，是品牌的關注者，同時還會通過特定媒介成為積極主動的「覓信者」與品牌的消費者。雖然，在一定程度上，消費者與受眾是一致的，但是不同的表述和強調，卻體現了不同的指導觀念。將品牌傳播的對象定義為消費者，強調的是消費者對產品的消費，體現的是在營銷上獲利的功利觀念；而品牌傳播的對象定義為受眾，強調的是受眾對品牌的認可與接受，體現的是傳播上的信息分享與平等傳播觀念。

綜上，品牌傳播的受眾可以是消費者、潛在消費者或旁觀者。從參照群體的角度考慮，旁觀者有可能會對潛在消費者和消費者帶來影響，甚至是自己轉化為潛在消費者和消費者。再有，通過研究發現，不同特性的消費者在購買的過程中受到參照群體的影響也是有所差異的：遵從動機高的消費者，會受到信息性作用、功利性作用和價值表達性作用的影響；遵從動機低的消費者，會受到信息性作用和價值表達性作用的影響。所以企業可根據目標受眾的特點來制定品牌傳播策略。

4. 品牌傳播的手段

品牌傳播的手段是傳遞品牌信息的仲介物質或者手段。從參照群體的

角度，品牌傳播的手段已經不僅僅是傳統意義上的廣告、銷售促進、公共關係和人員推銷，還應該包括更多的傳播手段，如網路媒體和手機媒體的QQ群、搜索引擎、天涯社區、QQ空間、人人網、手機短信、手機報和微信等。大量現實證明，這些新興的傳播手段對消費者的影響不容忽視。所以，在人人即媒體的大眾傳播時代，企業要抓住可能對消費者產生影響的關鍵接觸點，瞭解參照群體對消費者影響的特點，爭取對消費者的品牌決策產生積極影響。

（1）廣告傳播

廣告作為一種主要的品牌傳播手段，是企業走向市場的敲門磚，現實社會中幾乎沒有不做廣告的企業。廣告是品牌所有者以付費方式，委託廣告經營部門通過傳播媒介，以策劃為主體，創意為中心，對目標受眾所進行的以品牌名稱、品牌標誌、品牌定位、品牌個性等為主要內容的宣傳活動。[①]

對品牌而言，廣告是最重要的傳播方式之一，有人甚至認為：「品牌＝產品＋廣告」，由此可見廣告對於品牌傳播的重要性。對於消費者來說，幾乎沒有不看廣告的，人們生活在廣告的海洋裡。人們絕大多數的品牌信息是通過廣告獲得的。廣告也是提高品牌知名度、信任度、忠誠度，塑造品牌形象和個性的強有力的工具，由此可見廣告可以稱得上是品牌傳播的重心所在。

（2）公關傳播

公關是公共關係的簡稱，是企業形象、品牌、文化、技術等傳播的一種有效解決方案，包含投資者關係、員工傳播、事件管理以及其他非付費傳播等內容。作為品牌傳播的一種手段，公關能利用第三方的認證，為品牌提供有利信息，從而教育和引導消費者。

公共關係可為企業解決以下問題：一是塑造品牌知名度，巧妙創新運用新聞點，塑造組織的形象和知名度。二是樹立美譽度和信任感，幫助企業在公眾心目中取得心理上的認同，這是其他傳播方式無法做到的。三是通過體驗營銷的方式，讓難以衡量的公關效果具體化，普及一種消費文化或推行一種購買思想哲學。四是提升品牌的「贏」銷力，促進品牌資產與社會責任增值。五是通過危機公關或標準營銷，化解組織和營銷壓力。

（3）銷售促進傳播

銷售促進傳播是指通過鼓勵對產品和服務進行嘗試或促進銷售等活動

---

① 餘明陽，朱紀達．品牌傳播學［M］．上海：上海交通大學出版社，2010．

而進行品牌傳播的一種方式，其主要工具有贈券、贈品、抽獎等。儘管銷售促進傳播有著很長的歷史，但是長期以來，它並沒有被人們所重視，直到近20年，許多品牌才開始採用這種手段進行品牌傳播。

銷售促進傳播主要用來吸引品牌轉換者。它在短期內能產生較好的銷售反應，但很少有長久的效益和好處，尤其對品牌形象而言，大量使用銷售推廣會降低品牌忠誠度，增加顧客對價格的敏感，淡化品牌的質量概念，促使企業偏重短期行為和效益。不過對小品牌來說，銷售促進傳播會帶來很大好處，因為它負擔不起與市場領導者相匹配的大筆廣告費，通過銷售方面的刺激，可以吸引消費者使用該品牌。

(4) 人際傳播

人際傳播是指人與人之間直接溝通，主要是通過企業人員的講解諮詢、示範操作、服務等，使公眾瞭解和認識企業，並形成對企業的印象和評價，這種評價將直接影響企業形象。人際傳播是形成品牌美譽度的重要途徑，在品牌傳播的方式中，人際傳播最易為消費者接受。不過，人際傳播要想取得一個好的效果，就必須提高人員的素質，只有這樣才能發揮其積極作用。

(5) 口碑傳播

如果你要去買某產品，廣告宣傳、親朋或陌生人的推薦，哪種方式對你的購買決策影響最大？我想絕大部分會選擇後者。我們經常遇到這樣的情況，和幾個朋友一起去買一件價值稍高的商品時，其中任何一位輕描淡寫地說一句「這牌子好是好，可就是顏色不是太好」，你最大可能的選擇就是放棄，這就是口碑的威力所在。

各個階層、群體、地域或家族內的人們認為口碑傳播是最可信任的信息來源之一，而最突出的是高收入、高學歷的群體，他們經常通過（俱樂部等）口碑傳播來傳遞商品品牌信息。那我們如何利用這種狀況進行品牌的口碑傳播呢？意見領袖是某一階層、群體、地域或家族內的行動榜樣，其他絕大部分人唯馬首是瞻。所以我們進行口碑傳播的關鍵就是找準與抓住這個意見領袖，進行針對性的攻關。選定後採取免費試用、利益誘導、價值評判及服務保障等各方面的措施說服他接受產品，並積極在其影響範圍內傳播有利的產品信息，勸服別人購買產品。優質的產品與服務能讓意見領袖與企業保持長期的良好關係，並成為品牌的積極傳播者與忠實顧客，由此帶來的將是高度的品牌忠誠與銷量。

在信息無處不在的時代，如何有效傳播信息是所有市場個體必須直面的問題。我想我們進行信息傳播的方式不只是上面所提到的幾種，每一個

體通過對自身與市場的有機結合分析，可以採取更適合自己的特色傳播方式，在競爭激烈的時代，差異化是有效生存之道。在進行商業傳播的過程中，我們不能只關注某一種方法，而應通過幾種方法的整合與演化來進行。互聯網的發展為信息傳播提供了又一個全新的渠道。在傳統媒體依然在規模化地傳遞信息的同時，網路論壇、電子郵件等基於互聯網技術的新傳播渠道讓個體感興趣的話題可以超速度的傳播，消費者擁有了有主動權的信息收集渠道，因此，企業應該注重口碑傳播。

6.3　研究局限和未來展望

6.3.1　研究的局限

本研究是在中國的市場環境下，從顧客角度研究參照群體對品牌資產的影響，通過實證研究得出了一些研究結論和管理啟示，但是因為人力與物力的限制，研究仍有待完善，本研究還存在一定的局限性。

第一，本研究在收集樣本的過程中，使用了紙質問卷和電子問卷兩種方式，問卷的第一題就對調查對象進行了篩選，調查對象一定是在使用手機或近期旅遊的消費者。但是，因為本研究採用的是方便調查法和滾雪球調查法，所以沒能控制好樣本的構成。從大樣本收集的問卷結果可以看出，本研究的學歷偏高，這主要是因為本研究收集的問卷主要來自網路。樣本的局限性在一定程度上會降低研究的效度，會造成本研究得出的結論的推論的能力不足。

第二，在仲介和調節變量的選擇上，本研究僅討論了感知風險在參照群體對品牌資產影響機制中的仲介作用，消費者遵從動機特徵和產品信息屬性的調節作用。在參照群體作用對品牌資產影響機制中可能還存在其他變量。

第三，本書所使用的品牌資產的測量主要是基於對消費者進行的深度訪談和問卷調查，沒有來自企業人員和市場的相關數據，如果從多個視角來對品牌資產進行研究，將會更加全面。

儘管有這些局限和不足之處，但這些並不影響本研究所建立的參照群體作用對品牌資產影響的理論框架和解釋。

6.3.2 研究的展望

企業的品牌資產提升對企業有重要意義，本研究從參照群體的角度來研究品牌資產的提升，期望為企業的品牌管理提供依據，這篇文章只是開始，以下幾個方面在未來的研究應該予以重視。

第一，抽樣調查應盡量確保選取樣本的代表性，在未來的研究中，樣本的選擇可以按照一定比例來對不同類型的調查者進行調研，應該花費更多的精力、更多的時間，採取更為有效的方式，使用更多的收集途徑，收集更多的有效樣本，使收集的樣本更加具有代表性。

第二，在變量選擇方面，可以在本研究的基礎上更加深入研究，探索和驗證自變量和因變量之間是否存在更多的調節變量和中間變量，從而使得研究得到補充，變得更加完善。

第三，對於品牌資產的研究，可以綜合多個角度。對於研究變量的調研可以從不同角度來獲取數據，使得研究更加全面、更加豐富。

參考文獻

[1] Aaker D A. Manager Brand Equity [M]. New York: Free Press, 1990.

[2] Aaker D A, Biel A L. Brand Equity & Advertising: Advertising's Role in Building Strong Brands [M]. New Jersey: LEA publishers, 1993.

[3] Aaker D A. Measuring Brand Equity across Products and Markets [J]. California Management Review, 1996, 28 (3): 102-120.

[4] Agustin C, Singh J. Curvilinear Affects of Consumer Loyalty Determinants in Relational Exchanges [J]. Journal of Marketing Research, 2005, 42 (1): 96-108.

[5] Ailawadi K L, Neslin S L, Lenmann D R. Revenue Premium as an Outcome Measure of Brand Equity [J]. Journal of Marketing, 2003, 67 (4): 1-17.

[6] Amos C, Holmes G, Strutton D. Exploring the Relationship between Celebrity Endorser Effects and Advertising Effectiveness [J]. International Journal of advertising, 2008, 27 (2): 209-234.

[7] Bagozzi R P. Principles of Marketing Management [M]. Chicago: Science Research Associations, 1986.

[8] Bagozzi R P, Yi Y. On the Evaluation of Structural Equation Models [J]. Journal of the Academy of Marketing Science, 1988, 16 (1): 74-94.

[9] Baldinger A L, Rubinson J. Brand loyalty: the link between attitude and behavior [J]. Journal of advertising Research, 1996, 36 (6): 22-34.

[10] Barwise P. Brand equity: Snark or Boojum? [J]. International Journal of Research Marketing, 1993, 10 (1): 93-104.

[11] Baron R M, Kenny D A. The moderator and mediator variable distinction in social psychological research: Conceptual, strategics, and statistical

considerations [J]. Journal of Personality and Social Psychology, 1986, 51 (6): 1173-1182.

[12] Bearden W O, Etzel M J. Reference group influence on product and brand purchase decisions [J]. Journal of Consumer Research, 1982, 9 (2): 183-194.

[13] Bearden W O, Netemeyer R G, Teel J E. Measurement of consumer susceptibility to interpersonal influence [J]. Journal of Consumer Research, 1989, 15 (4): 473-481.

[14] Bei T L, Chen I Y E, Widdows R. Consumers online information search behavior and the phenomenon of search vs experience products [J]. Journal of Family and Economic Issues, 2004, 25 (4): 449-467.

[15] Berry L L. Cultivating service Brand equity [J]. Journal of the Academy of Marketing Science, 2000, 28 (1): 128-137.

[16] Bettman J R. Perceived risk and its components: a model and empirical test [J]. Journal of marketing research, 1973, 10 (2): 184-190.

[17] Bhatnagar A, Ghose S. Online information search termination patterns across product categories and consumer demographics [J]. Journal of Retailing, 2004, 80 (3): 221-228.

[18] Boulding W, Kirmani A. A consumer-side experimental examination of signaling theory: do consumers perceive warranties as signals of quality [J]. Journal of Consumer Research, 1993, 20 (1): 111-123.

[19] Bourne F S. Group influence in marketing and public relations [A]. In R. likert and S. P. Hayes, Jr. (Eds.), Some Applications of Behavioral Research [C]. Pairs: UNESCO, 1957: 207-257.

[20] Brinberg D, Plimpton L. Self - monitoring and product conspicuousness on reference group influence [J]. Advances of Consumer Research, 1986, 13 (1): 297-300.

[21] Brown J J, Reingen P H. Social times and word - of - mouth referral behavior [J]. Journal of Consumer Research, 1987, 14 (3): 350-362.

[22] Buehler R, Griffin D. Change-of-meaning Effects in Conformity and Dissent: Observing Construal Processes over Time [J]. Journal of Personality and Social Psychology, 1994, 67 (6): 984-996.

[23] Burnkrant B E, Cousineau A. Informational and normative social influence in buyer behavior [J]. Journal of Consumer Research, 1975, 2 (3):

206-215.

[24] Burnett G. Information exchange in virtual communities: A typology [J]. Information Research, 2000, 5 (4): 1-5.

[25] Chan K, Prendergast G P. Social comparison, Imitation of celebrity models and materialism among Chinese youth [J]. International Journal of Advertising, 2008, 27 (5): 799-826.

[26] Chaudhuri A, Holbrook M B. The chain of effects from brand trust and brand effect to brand performance: the role of brand performance [J]. Journal of Marketing, 2001, 65 (2): 81-93.

[27] Childers T L, Rao A R. The Influence of Familial and peer based Reference Groups on Consumer Decisions [J]. Journal of Consumer Research, 1992, 19 (1): 198-211.

[28] Churchill G A. A paradigm for development better measures of marketing constructs [J]. Journal of Marketing Research, 1979, 16 (1): 64-73.

[29] Claxton J D, Fry J N, Portis B. A Taxonomy of Re-Purchase Information Gathering Patterns [J]. Journal of Consumer Research, 1984 (1): 35-42.

[30] Cobb-Walgren C J, Cynthia A R, Donthu N. Brand Equity, brand preference, and purchase intent [J]. Journal of Advertising, 1995, XXIV (3): 252-401.

[31] Cox Ronald E, Stuart U. Rich. Perceived risk and consumer decision making: the case of telephone shopping [J]. Journal of Marketing Research, 1964, 1 (4): 32-39.

[32] Cuuningham S M. The major dimensions of Perceived risk [M]. Boston: Harvard University Press, 1967.

[33] David F M. Patterns of interpersonal information seeking for the purchase of a symbolic product [J]. Journal of Marketing Research, 1983, 20 (2): 74-83.

[34] Delvecchio D, Smith D C. Brand extension price premiums: The effect of perceived fit and extension product category risk [J]. Journal of academy of marketing science, 2005, 33 (2): 184-196.

[35] Deutsch M, Gerard H B. A study of normative and informational social influences upon individual judgment [J]. The Journal of Abnormal and Social Psychology, 1955 (51): 629-636.

[36] Dick A S, Basu K. Customer loyalty: toward and integrated conceptual framework [J]. Journal of academy of marketing Science, 1994, 22 (2): 99-113.

[37] Dillman D A. Mail and telephone surveys: the total design method [M]. New York: Wiley-Inter science, 1978.

[38] Dodds W B, Monroe K B. The effect of brand and price information on subjective product evaluations [J]. Advances in Consumer Research, 1985, 12 (1): 85-91.

[39] Dodds W B, Grewal D, Monroe K B. Effects of price, brand and store information on buyers' product evaluation [J]. Journal of marketing research, 1991, 28 (3): 307-319.

[40] Dotson M J. Formal and informal work group influences on member purchasing behavior [D]. Starkville: Mississippi State University, 1984.

[41] Dowling G R. The effectiveness of advertising explicit warranties [J]. Journal of Public Policy&Marketing, 1985, 4 (1): 142-153.

[42] Dowling G R. Perceived risk: The concept and its measurement [J]. Psychology and marketing, 1986, 3 (3): 193-210.

[43] Dowling G R, Staelin R. A model of Perceived risk and intended risk-handing activity [J]. Journal of Consumer Research, 1994, 24 (1): 119-134.

[44] Doyle P. Building value-based branding strategies [J]. Strategic marketing, 2001 (9): 255-268.

[45] Dyson P, Farr A, Hollis N S. Understanding, Measuring and Using Brand Equity [J]. Journal of Advertising Research, 1996, 36 (6), 9-21.

[46] Englis B G, Solomon M R. I am not… therefore, I am: The role of avoidance products in shaping consumer behavior [J]. Advances in Consumer Research, 1997, 24 (1), 61-63.

[47] Erdem T, Swait J. Brand Equity as a Signaling Phenomenon. Journal of Consumer Psychology, 1998, 7 (2): 131-157.

[48] Escalas J E, Bettman J R. You are what they eat: The influence of reference groups on consumer's connections to brands [J]. Journal of Consumer Psychology, 2003 (13): 339-348

[49] Erickson G M, Johansson J K, Chao P. Image variables in multi-attribute product evaluations: country-of-origin Effects [J]. Journal of Consumer

Research, 1984, 9 (11): 694-699.

[50] Farquhar P H. Managing Brand Equity [J]. Journal of Advertising Research, 1990, 30 (4): 7-12.

[51] Franceson M N. Perceived risk, information processing, and consumer behavior [J]. The Journal of Business, 1969, 42 (2): 162-166.

[52] Festinger L. A theory of cognitive dissonance [M]. Stanford: Stanford University Press, 1957.

[53] Fornell C, Larcker D F. Structural equation model with unobserved variables and measurement error: Algebra and statistics [J]. Journal of marketing research, 1981, 8 (3): 382-389.

[54] Ford J D, Ellis E. A re-examination of group influence on member brand preference [J]. Journal of marketing research, 1980, 17 (2): 125-132.

[55] Ford G T, Smith D B, Swasy J L. An empirical test of the search, experience and credence attributes framework [J]. Advances in Consumer Research, 1988 (15): 239-243.

[56] Gallagher K, Foster D K, Parsons J. The medium is not the message: Advertising effectiveness and content evaluation in print and on the Web [J]. Journal of Advertising research, 2001, 41 (4): 57-70.

[57] Gil R B, Andres E F, Salinas E M. Family as a source of consumer-based brand equity [J]. Journal of Product&Brand Management, 2007, 16 (3): 188-199.

[58] Harold H K. Personality and consumer behavior: A review [J]. Journal of Marketing Research, 1971, 8 (4): 409-418.

[59] Hyman H H. The psychology of status [M]. Archives of Psychology, 1942, 269: 94-102.

[60] Holbrook M B, Batra R. Assessing the role of emotions as mediators of consumer responses to advertising [J]. Journal of Consumer Research, 1987, 14 (3): 404-420.

[61] Kelman H C. Process of opinion change [J]. Public opinion quarterly, 1961, 25 (1): 57-78.

[62] Hjorth-Andersen C. The concept of quality and efficiency of markets for consumer products [J]. Journal of consumer research, 1984 (11): 708-718.

[63] Hyman H H, Singer E. Readings in reference group theory and re-

search [M]. New York: Free press, 1961: 77-83.

[64] Jacoby J, Jerry C O, Rafael A H. Price, brand name and product composition characteristics as determinants of perceived quality [J]. Journal of applied psychology, 1973, 55 (6): 570-579.

[65] Jacoby J, Kaplan L B, Szybilo G J Components of Perceived risk in Product Purchase [J]. Journal of Applied Psychology, 1974, 59 (3): 287-295.

[66] John S. Technological Congruence and Perceived Quality of Brand Extensions [J]. Journal of Product & Brand Management, 2005, 14 (7): 438 -447.

[67] Johnson D, Herrmann A, Huber F. The evolution of loyalty intentions [J]. Journal of Marketing, 2006 (70): 122-132.

[68] Judd C M, Kenny D A. Process analysis: Estimating mediation in treatment evaluations [J]. Evaluation Review, 1981, 5 (5): 602-619.

[69] Keeshan S. Willingness to pay a premium for group measure of reference group influence [D]. Ontario: The University of Guelph, 2009.

[70] Keller K L. Building Customer-based Brand Equity [J]. Marketing Management, 2001, 10 (2): 15-19.

[71] Keller K L. Conceptualizing, measuring, and managing customer-based brand equity [J]. Journal of Marketing, 1993, 57 (1): 1-22.

[72] Kotler P, Swee H A, Siew M L, Chin T T. Marketing management: an Asian perspective, 2nd edition [M]. 2nd edition. Prentice Hall, 1999.

[73] Keller K L. Strategic Brand Management [M]. Beijing: Prentice hall and Renmin university of China Press, 1998.

[74] Kelman H C. Process of opinion change [J]. Public Opinion Quarterly, 1961, 25: 57-78.

[75] Klein L R. Evaluating the potential of interactive media through a new lens: search versus experience goods [J]. Journal of Business Research, 1998, 41 (1): 195-203.

[76] Kiel G C, Layton R A. Dimensions of Consumer Information Seeking [J]. Journal of Marketing Research, 1981, 18 (5): 233-239.

[77] Kim P. A perspective on brands [J]. The Journal of Consumer Marketing, 1990, 7 (4): 63-67.

[78] Kim H, Kim W G. The effect of consumer-based brand equity on firm's financial performance [J]. Journal of Consumer Marketing, 2003, 20

(4): 335-351.

[79] Lassar W, Mittal B, Sharma A. Measuring customer-based brand equity [J]. Journal of Consumer Marketing, 1995, 12 (4): 11-19.

[80] Leunis J. Perceived risk and risk reduction strategies in mail-order versus retail store buying [J]. The international review of retail, 1996, 6 (4): 351-371.

[81] Lord K R, Lee M, Choong P. Differences in normative and informational social influence [J]. Advances in Consumer Research, 2001, 28 (1): 280-285.

[82] Lessig V P, Park C W. Motivational Reference Group Influence: Relationship to Product Complexity, Conspicuousness and Brand Distinction [J]. European Research, 1982, 10 (2): 91-101.

[83] Mascarenhas O A J, Higby M A. Peer, parent, and media influences in teen apparel s hopping [J]. Journal of the Academy of Marketing Science, 1993, 21 (1): 53-58.

[84] Mehrabian A, Russell J A. An approach to environmental psychology [M]. Ambridge: the Mit Press, 1974.

[85] Merton R K. Continuities in the theory of reference groups and social structure [M]. New York: The Free Press, 1957.

[86] Midgley D. Patterns of interpersonal information seeking for the purchase of a symbolic product [J]. Journal of marketing research, 1983, 20 (2): 74-83.

[87] Jacoby J, Kaplan L B. The wmponents of perceived risk[C]//Venrantesan M. Proceedings of 3rd Annual Conference. Association for Comsumer Research. Chicago. IL. 1972: 382-393.

[88] Mitchell V W, Boustani P. Market development using new Products and new customers: A role for perceived risk [J]. European Journal of Marketing, 1993, 27 (2): 17-32.

[89] Mitehell V W. Consumer perceived risk: conceptualizations and models [J]. European journal of marketing, 1999, 33 (1): 163-195.

[90] Moutinho L. onsumer behavior in tourism [J]. European Journal of Marketing, 1987 (21): 5-9.

[91] Nelson P. Advertising as information [J]. Journal of Political Economy, 1974, 82: 729-754.

［92］Netemeyer R G, Krishnan B, Pullig C. Developing and Validating Measures of Facets of Customer-based Brand Equity［J］. Journal of Business Research, 2004, 57（2）: 209-224.

［93］Nunnally J C, Bernstein I H. Psychometric theory［M］. New York: McGraw-Hill, Inc, 1994.

［94］Oliver R L. Where consumer loyalty［J］. Journal of Marketing, 1999, 89（63）: 33-34.

［95］Jaeoby O J C. Research of perceiving quality［J］. Emerging Concepts in Marketing, 1972（9）: 220-226.

［96］Park C W, Lessig V P. Students and Housewives: Differences in Susceptibility to Reference Group Influence［J］. Journal of Consumer Research, 1977, 4（2）: 102-110.

［97］Peter J P, Tarpey L X. A comparative analysis of three consumer decision strategies［J］. Journal of Consumer Research, 1975, 1（1）: 29-38.

［98］Patterson I. Information sources used by older adults for decision making about tourist and travel destinations［J］. International Journal of consumer studies, 2007, 31（5）: 528-533.

［99］Parasuraman A, Zeithaml V A, Berry L L. A conceptual model of service quality and its implications future research［J］. Journal of Marketing, 1985, 21（15）: 41-50.

［100］Pham M T, Cohen J B, Pracejus J W, Hughes G D. Affect monitoring and the primacy of feelings in judgment［J］. Journal of Consumer Research, 2001, 28（2）: 167-188.

［101］Peng H, Nicholas H L, Sabyasachi M. Searching for Experience on the Web: An Empirical Examination of Consumer Behavior for Search and Experience goods［J］. Journal of Marketing, 2009, 73（3）: 55-69.

［102］Pokorny G. Building brand equity and customer loyalty［J］. Electric Perspectives, 1995, 20（3）: 17-23.

［103］Punj G N, Staelin R. A model of consumer information search behavior for new automobiles［J］. Journal of Consumer Research, 1983, 9（3）: 366-380.

［104］Rao A R, Mark E B. Price premium variations as a consequence of buyers. Lack of information［J］. Journal of Consumer Research, 1992, 19（3）: 412-423.

[105] Roselius T. Consumer rankings of risk reduction methods [J]. Journal of marketing, 1971, 35 (1): 56-61.

[106] Netemeyer R G, Krishnan B, Pulling C. Developing and validating measures of facets of facets of customer-based brand equity [J]. Journal of Business research, 2004 (57): 209-224.

[107] Schmidt J B, Spreng R A. A proposed model of external consumer Information search [J]. Journal of Academy of Marketing Science, 1996, 24 (3): 246-256.

[108] Smith D C, Park C V. The Effects of Brand Extensions on market share and advertising Efficiency [J]. Journal of Marketing Research. 1992, 29 (3): 296-313.

[109] Smith R E, Swinyard W R. Attitude-behavior consistency: The impact of product trial versus advertising [J]. Journal of Marketing Research, 1983, XX (20): 257-267.

[110] Simon C J, Sullivan M W. The Measurement and Determinants of Brand equity: A Financial Approach [J]. Marketing Science, 1993, 12 (1): 1-13.

[111] Solomon Michael. Consumer Behavior [M]. the Fourth Edition. New Jersey: Upper Saddle River, 1999.

[112] Stafford J E. Effects of Group Influences on Consumer Brand Preferences [J]. Journal of Marketing Research, 1966, 3 (1): 68-75.

[113] Stone R N, Gronhaug K. Perceived risk: Further considerations for the marketing discipline [J]. European Journal of Marketing, 1993, 27 (3): 39-50.

[114] Tauber E M. Brand Leverage: Strategy for Growth in a Cost Control World [J]. Journal of Advertising Research, 1988, 28 (4): 26-30.

[115] Tan S J. Strategies of reducing consumes risk aversion in internet shopping [J]. Journal of Consumer Marketing, 1999, 16 (2): 163-180.

[116] Taylor J W. The role of risk in consumer behavior [J]. Journal of marketing, 1974, 38 (2): 54-60.

[117] Vazquez R, Rio A B, Iglesias V. Consumer-based brand equity: development and validation of a measurement instrument [J]. Journal of Marketing Management, 2002, 20 (18): 27-48.

[118] Villarejo-Ramos A F, Sanchez-Franco M J. The impact of

marketing communication and price promotion on brand equity [J]. Brand management, 2005, 12 (6): 431-444.

[119] Washburn J H, Plank R E. Measuring Brand. Equity: an Evaluation of a Consumer -Based Equity Scale [J]. Journal of Marketing Theory and Practice, 2002, 10 (1): 46-61.

[120] Webster C, Faircloth J B. The role of Hispanic ethnic identification on reference group influence [J]. Advances in Consumer Research, 1994 (21): 458-463.

[121] Witt R E. Informal Social Group Influence on Consumer Brand Choice [J]. Journal of Marketing Research, 1969 (6): 473-478.

[122] Witt R T, Bruce G B. Group Influence and Brand Choice Congruence [J]. Journal of Marketing Research, 1972, 9 (4): 440-443.

[123] Ye G W, Raaij W F V. Brand equity: extending brand awareness and liking with Signal Detection Theory [J]. Journal of Marketing Communications, 2004 (10): 95-114.

[124] Yoo B, Donthu N, Lee S. An Examination of Selected Marketing Mix Elements and Brand Equity [J]. Journal of the Academy of Marketing Science, 2000, 28 (2): 195-211.

[125] Zhang Y L, Guo J R. A mechanism study on the formation and development of brand loyalty on based on the nonlinear antecedents of the brand loyalty [J]. Journal of Marketing Science, 2007, 3 (4): 72-85.

[126] Zeithaml V A, Berry L L, Parasuraman A. Communication and control processes in the delivery of service quality [J]. Journal of Marketing, 1988, 52 (2): 35-48.

[127] 畢楠. 基於產品感知質量的集群品牌影響效應實驗研究 [J]. 管理評論, 2009, 21 (5): 23-26.

[128] 畢雪梅. 顧客感知質量研究 [J]. 華中農業大學學報（社會科學版）, 2004, 53 (3): 42-45.

[129] 曹忠鵬, 周庭銳, 陳淑青. 基於行為和態度的顧客多忠誠研究 [J]. 中國工業經濟, 2007 (3): 79-87.

[130] 陳家瑤, 劉克, 宋亦平. 參照群體對消費者感知價值和購買意願的影響 [J]. 上海管理科學, 2006 (3): 25-30.

[131] 陳永昶, 徐虹, 郭淨. 導遊與遊客交互質量對遊客感知的影響——以遊客感知風險作為仲介變量的模型 [J]. 旅遊學刊, 2011 (8):

37-44.

［132］陳曉萍，徐淑英，樊景立. 組織與管理研究的實證方法［M］. 北京：北京大學出版社，2008.

［133］代祺，胡培，周庭銳. 參照群體壓力下的不從眾與反從眾消費行為的實證研究［J］. 消費經濟，2006（6）：80-85.

［134］董大海，金玉芳. 消費者行為傾向前因研究［J］. 南開管理評論，2003（6）：46-51.

［135］董雅麗，何麗君. 基於消費者感知價值的品牌忠誠研究［J］. 商業研究，2008（11）：187-190.

［136］杜偉強，於春玲，趙平. 參照群體類型與自我-品牌聯繫［J］. 心理學報，2009（2）：156-166.

［137］方正，楊洋，江明華，李蔚，李珊. 可辯解傷害危機應對策略對品牌資產的影響研究——調節變量和仲介變量的作用［J］. 南開管理評論，2011，14（4）：69-79.

［138］方正. 可辯解型產品傷害危機及其應對方式對顧客購買意願的影響研究［D］. 成都：四川大學，2007.

［139］範秀成. 品牌權益及其測評體系分析［J］. 南開管理評論，2000（1）：9-15.

［140］菲利普·科特勒. 營銷管理（亞洲版）［M］. 3版. 洪瑞雲，梁紹明，等，譯. 北京：中國人民大學出版社，2005.

［141］符國群. 關於商標資產研究的思考［J］. 武漢大學學報（哲學社會科學版），1999（1）：70-73.

［142］符國群. 消費者行為［M］. 2版. 武漢：武漢大學出版社，2004.

［143］高揚. 市場調查問卷的設計［J］. 企業改革與管理，2007（12）：66-67.

［144］龔振，李菡. 中國奢侈品消費的參照群體效應研究［J］商業時代，2007（11）：20-21.

［145］關輝，董大海. 中國本土品牌形象對感知質量、顧客滿意、品牌忠誠影響機制的實證研究——基於消費者視角［J］. 管理學報，2008，5（4）：583-590.

［146］郭洪. 品牌營銷學［M］. 成都：西南財經大學出版社，2006.

［147］郭志剛. 社會統計分析方法——SPSS軟件應用［M］. 北京：中國人民大學出版社，1999.

［148］何佳訊. 中國文化背景下品牌情感的結構及對中外品牌資產的影響效用［J］. 管理世界, 2008（6）: 95-108.

［149］洪秀華. 名人代言的價值及其風險規避對策［J］. 福建工程學院學報, 2009, 7（4）: 404-408.

［150］侯杰泰, 溫忠麟, 成子娟. 結構方程模型及其應用［M］. 北京: 教育科學出版社, 2004.

［151］胡華, 宋保平, 馬耀峰. 基於旅遊者個性差異的旅遊購物感知風險研究［J］. 統計與決策, 2009（14）: 60-62.

［152］黃嘉濤, 胡勁. 基於品牌生命週期的品牌戰略［J］. 商業時代, 2004（27）: 41-43.

［153］計建, 陳小平. 品牌忠誠度行為——情感模型初探［J］. 外國經濟與管理, 1999（1）: 27-40.

［154］賈鶴, 王永貴, 劉佳媛, 馬劍虹. 參照群體對消費決策影響研究述評［J］. 外國經濟管理, 2008, 30（6）: 51-58.

［155］江明華, 董偉民. 價格促銷的折扣量影響品牌資產的實證研究［J］. 北京大學學報（哲學社會科學版）, 2003, 40（5）: 48-56.

［156］江明華, 郭磊. 商店形象與自有品牌感知質量的實證研究［J］. 經濟科學, 2003（4）: 119-128.

［157］姜凌. 參照群體影響下奢侈品牌消費行為研究［D］. 成都: 西南交通大學, 2009.

［158］姜凌, 王磊. 消費者產品購買決策——不同類型參照群體影響力比較研究［J］. 華東經濟管理, 2010（6）: 112-115.

［159］蔣豔梅, 趙文平. 基於參照群體影響的消費者首次網購決策模型分析［J］. 統計與決策, 2011（24）: 85-88.

［160］金立印. 虛擬品牌社群的價值維度對成員社群意識、忠誠度及行為傾向的影響［J］. 管理科學, 2007（4）: 36-45.

［161］凱文·萊恩·凱勒. 戰略品牌管理［M］. 李乃和, 等, 譯. 北京: 中國人民大學出版社, 2008.

［162］雷超, 衛海英. 品牌資產與消費者溢價支付意願的關係——基於搜索、體驗和信任屬性產品的實證研究［J］. 開發研究, 2011（1）: 124-128.

［163］李東進. 消費者搜尋信息努力的影響因素及其成果與滿意的實證研究［J］. 管理世界, 2002（11）: 100-107.

［164］李國峰, 鄒鵬, 陳濤. 產品傷害危機管理對品牌聲譽與品牌忠

誠關係的影響研究 [J]. 中國軟科學, 2008 (1): 108-115.

[165] 李健強. 營銷投入對品牌資產的影響——企業生命週期的調節 [J]. 中國市場, 2010 (32): 73-76.

[166] 李宗偉, 張豔輝. 體驗型產品與搜索型產品在線評論的差異性分析 [J]. 現代管理科學, 2013 (8): 42-45.

[167] 林丹華, 方曉義. 青少年個性特徵、最要好同伴吸菸行為與青少年吸菸行為的關係 [J]. 心理發展與教育, 2003 (1): 31-36.

[168] 林升棟. 消費者對人際影響的敏感度研究 [J]. 消費經濟, 2006 (3): 37-42.

[169] 劉芳芳, 王琦. 產品類型對消費者從眾行為的影響 [EB/OL]. [2012-12-28]. http://www.paper.edu.cn/releasepaper/content/201212-1085.

[170] 劉國華, 蘇勇. 多視角下的品牌資產概念述評 [J]. 華東經濟管理, 2007, 21 (3): 124-128.

[171] 劉美玲. 產品類別、感知風險對口碑信息源選擇影響的實證研究 [D]. 長沙: 中南大學, 2006.

[172] 盧泰宏, 黃勝兵, 羅紀寧. 論品牌資產的定義 [J]. 中山大學學報 (社會科學版), 2000, 40 (4): 17-22.

[173] 馬慶國. 數據獲取、統計原理、SPSS 工具與應用 [M]. 北京: 科學出版社, 2002.

[174] 邁克爾·R.所羅門. 消費者行為學 [M]. 北京: 中國人民大學出版社, 2009.

[175] 邁克爾·R.所羅門. 消費者行為 [M]. 3 版. 北京: 經濟科學出版社, 1999.

[176] 榮泰生. 企業研究方法 [M]. 北京: 中國稅務出版社, 2005.

[177] 盛敏, 陸曉霞, 秦曉敏. 網路參照群體對消費者購買決策的影響機制研究 [J]. 上海管理科學, 2010 (4): 60-63.

[178] 施曉峰, 吳小丁. 商品組合價值與溢價支付意願的關係研究 [J]. 北京工商大學學報 (社會科學版), 2011 (2): 36-43.

[179] 舒咏平. 品牌傳播教程 [M]. 北京: 北京師範大學出版社, 2013.

[180] 宋麗華. 從娃哈哈副品牌成功運用看品牌延伸的副品牌策略 [J]. 中小企業管理與科技, 2009 (11): 13-14.

[181] 唐小飛. 認知忠誠和情感忠誠的消費者行為研究 [J]. 中國工

業經濟, 2008 (3): 101-108.

[182] 涂榮庭, 趙占波, 涂平. 產品屬性對顧客滿意影響的實證研究[J]. 管理科學, 2007 (6): 36-44.

[183] 王超. 感知風險維度對消費者自有品牌購買意願的影響研究[D]. 大連: 東北財經大學, 2011.

[184] 王重鳴. 心理學研究方法[M]. 北京: 人民教育出版社, 1990.

[185] 王海忠, 於春玲, 趙平. 品牌資產的消費者模式與產品市場產出模式的關係[J]. 管理世界, 2006 (1): 106-119.

[186] 王海忠. 不同品牌資產測量模式的關聯性[J]. 中山大學學報（社會科學版）, 2008, 48 (1): 162-208.

[187] 王慧農. 西方學者關於消費者購買行為的五種模式[J]. 國外社會科學, 1993 (4): 19-23.

[188] 王永貴. 市場營銷辭典[M]. 北京: 化學工業出版社, 2009.

[189] 衛海英, 王貴明. 品牌資產與經營策略因子關係的迴歸分析[J]. 學術研究, 2003 (7): 63-65.

[190] 衛嶺. 參照群體對旅遊者旅遊目的地選擇的影響[J]. 市場周刊, 2006 (11): 45-46.

[191] 溫忠麟, 侯杰泰, 張雷. 有仲介的調節變量和有調節的仲介變量[J]. 心理學報, 2006, 38 (3): 448-452.

[192] 侯杰泰, 溫忠麟, 成子娟. 結構方程模型及其應用[M]. 北京: 教育科學出版社, 2004.

[193] 吳明隆. 結構方程模型——AMOS 的操作和應用[M]. 重慶: 重慶大學出版社, 2010.

[194] 吳明隆. SPSS 統計應用實務——問卷分析與應用統計[M]. 北京: 科學出版社, 2003.

[195] 薛永基, 楊志堅, 李健. 慈善捐贈行為對企業品牌資產的影響: 企業聲譽與風險感知的仲介效應[J]. 北京理工大學學報（社會科學版）, 2012, 14 (4): 58-66.

[196] 徐小龍. 虛擬社區對消費者購買行為的影響——一個參照群體視角[J]. 財貿經濟, 2012 (2): 114-123.

[197] 楊園園. 參照群體對旅遊感知風險的影響研究[D]. 成都: 西南財經大學, 2012.

[198] 於丹, 董大海, 金玉芳, 李廣輝. 基於消費者視角的網上購物

感知風險研究［J］. 營銷科學學報，2006（2）：41-50.

［199］於春玲，王海忠，趙平. 基於顧客的品牌資產模型實證分析及營銷借鑑［J］. 營銷科學學報，2007（2）：31-42.

［200］於春玲，趙平. 品牌資產及其測量中的概念解析［J］. 南開管理評論，2003（1）：10-25.

［201］餘明陽，朱紀達，肖俊崧. 品牌傳播學［M］. 上海：上海交通大學出版社，2010.

［202］於尚豔，李華軒. 感知價值對參照群體與消費者衝動購買意願的仲介作用［J］. 探求，2013（4）：64-70.

［203］餘偉萍. 品牌管理［M］. 北京：清華大學出版社，2014.

［204］張峰. 基於顧客的品牌資產構成研究述評與模型重構［J］. 管理學報，2011，8（4）：552-576.

［205］張劍渝，杜青龍. 參考群體、認知風格與消費者購買決策——一個行為經濟學視角的綜述［J］. 經濟學動態，2009（11）：83-86.

［206］張寧. 虛擬代言人對品牌資產的影響研究：品牌體驗的仲介作用及消費者個性特徵和產品特徵的調節作用［D］. 武漢：武漢大學，2013.

［207］張文彤. SPSS統計分析基礎教程［M］. 北京：高等教育出版社，2004.

［208］趙占波. 品牌資產維度的探索性研究［J］. 管理科學，2005，18（5）：10-16.

［209］趙占波，涂榮庭. 產品屬性測量中的二維結構：一項實證研究［J］. 管理學報，2009（1）：70-77.

［210］鄭玉香，袁少鋒. 中國消費者炫耀性購買行為的特徵與形成機理——基於參照群體視角的探索性實證研究［J］. 經濟經緯，2009（2）：115-119.

［211］朱麗葉，潘明霞，盧泰宏. 感知風險如何影響消費者購買行為［J］. 現代管理科學，2007（8）：41-43.

［212］左仁淑，餘偉萍，餘園明. 產品類別調節作用下顧客價值對品牌忠誠影響的實證研究［J］. 軟科學，2009（8）：45-49.

附　錄

手機調查問卷

您好！

我們正在進行一項關於品牌資產課題的研究。此次調研實行匿名制，其數據只用於學術的統計分析，您的回答沒有正確與錯誤之分，只需按您的真實情況填寫即可，能夠得到您的支持十分榮幸，謝謝您！

填寫說明：請仔細閱讀以下題目，並根據您的實際情況選擇最符合的選項：1代表完全不同意，2代表比較不同意，3代表不確定，4代表比較同意，5代表非常同意。

一、甄選題目

1. 請問您是否在使用手機？A 是（請繼續下一道題）　B 否（謝謝合作，調查到此結束）

2. 請選擇您正在使用的手機品牌，如果您同時使用多個手機，請選擇您最熟悉的一個品牌_____。

二、在購買和使用手機的過程中，您會

編號	題項	非常不同意	比較不同意	不確定	比較同意	非常同意
GI1	您會從產品說明書或專家處獲取手機的信息	1	2	3	4	5
GI2	您會從手機行業工作人員（如銷售員）那收集信息	1	2	3	4	5
GI3	您會向具有該品牌手機可靠信息的朋友、親戚、鄰居或同事那獲取品牌信息和使用經驗	1	2	3	4	5
GI4	該品牌手機是否具有權威獨立機構的認證會影響您的選擇	1	2	3	4	5
GI5	手機專業人士（如維修人員、研發人員）使用的手機品牌會影響你的購買選擇	1	2	3	4	5
GI6	您購買該品牌手機會受到家庭成員偏好的影響	1	2	3	4	5
GI7	您購買和使用該品牌手機是受同事偏好的影響	1	2	3	4	5
GI8	您購買該品牌手機是受自己社交圈的人們的偏好的影響	1	2	3	4	5
GI9	您購買該品牌手機符合他人對您的期望	1	2	3	4	5
GI10	您覺得購買和使用該品牌手機會提升您的形象	1	2	3	4	5
GI11	您覺得購買和使用該品牌手機的人們具有您想擁有的個性特點（如時尚、另類、低調等）	1	2	3	4	5
GI12	您覺得如果能成為該品牌手機代言人那樣的人也不錯	1	2	3	4	5
GI13	您覺得購買該品牌手機可以獲得他人的羨慕和尊敬	1	2	3	4	5
GI14	您覺得購買該品牌手機可以幫助您向他人展示您是什麼樣的人或想成為什麼樣的人	1	2	3	4	5

三、假如一年內再購買該品牌手機，您會

編號	題項	非常不同意	比較不同意	不確定	比較同意	非常同意
PR1	您擔心該品牌手機達不到預期效果	1	2	3	4	5
PR2	您擔心該品牌手機功能和品質不如所述的好	1	2	3	4	5
PR3	您擔心該品牌手機質量的可靠性	1	2	3	4	5

編號	題項	非常不同意	比較不同意	不確定	比較同意	非常同意
PR4	您擔心該品牌手機價格要高於同類市場價格	1	2	3	4	5
PR5	您擔心花錢買該品牌手機是錯誤的	1	2	3	4	5
PR6	您擔心該品牌手機不值這麼多錢	1	2	3	4	5
PR7	您擔心使用該品牌手機自尊心會受到影響	1	2	3	4	5
PR8	您擔心使用該品牌手機別人會認為您在炫耀	1	2	3	4	5
PR9	您擔心使用該品牌手機別人會認為不明智	1	2	3	4	5
PR10	您擔心該品牌手機與您的形象不符	1	2	3	4	5
PR11	您擔心使用該品牌手機心理會不舒服	1	2	3	4	5
PR12	您擔心使用該品牌手機會帶來不必要的焦慮	1	2	3	4	5

四、請談談您對該品牌手機的真實想法

編號	題項	非常不同意	比較不同意	不確定	比較同意	非常同意
BE1	該品牌手機的質量很好	1	2	3	4	5
BE2	該品牌手機具有很好的功能	1	2	3	4	5
BE3	該品牌手機的質量在同類產品中是一流的	1	2	3	4	5
BE4	當您使用該品牌手機時，感覺很好	1	2	3	4	5
BE5	使用該品牌手機讓您高興	1	2	3	4	5
BE6	使用該品牌手機讓您愉快	1	2	3	4	5
BE7	您認為自己對該品牌手機是忠誠的	1	2	3	4	5
BE8	該品牌手機是您的首選之一	1	2	3	4	5
BE9	如果能買到該品牌手機，您不會轉換品牌	1	2	3	4	5
BE10	儘管價格比普通品牌高，您仍願購買該品牌手機	1	2	3	4	5
BE11	儘管價格上漲，您仍願購買該品牌手機	1	2	3	4	5
BE12	即使該品牌價格較高，但您認為合理，並願意購買	1	2	3	4	5

五、請談談平時購買產品時，您的真實想法：

編號	題項	非常不同意	比較不同意	不確定	比較同意	非常同意
MC1	購買產品，您會非常願意接受家人/好友/同學的建議	1	2	3	4	5
MC2	購買產品，您想接受家人/好友/同學的建議	1	2	3	4	5
MC3	購買產品，您接受家人/好友/同學建議的程度很強	1	2	3	4	5

個人信息：為了便於進行數據分析，請填下您的基本資料，謝謝！

1. 您的性別是：(1) 男性　　(2) 女性
2. 您的年齡是：(1) 24 歲以下　(2) 25～34 歲　(3) 35～44 歲
　　　　　　　(4) 45 歲以上
3. 您的學歷是：(1) 高中以下　(2) 專科　(3) 本科　(4) 研究生以上
4. 您的職業是：(1) 學生　(2) 公務員或事業單位員工　(3) 企業員工
　　　　　　　(4) 私有或個體工商業主　(5) 其他
5. 您的年收入是：(1) 5 萬以下　(2) 5 萬～10 萬　(3) 10 萬～20 萬
　　　　　　　　(4) 20 萬以上
6. 您目前的學習工作的地點是＿＿＿＿＿＿省＿＿＿＿＿＿＿市。

本問卷到此結束，請檢查有無漏答題目，謝謝您對本次調查給予的極大幫助！

旅遊調查問卷

您好！

我們正在進行一項關於品牌資產課題的研究。此次調研實行匿名制，其數據只用於學術的統計分析，您的回答沒有正確與錯誤之分，只需按您的真實情況填寫即可，能夠得到您的支持十分榮幸，謝謝您！

填寫說明：請仔細閱讀以下題目，並根據您的實際情況選擇最符合的選項：1代表非常不同意，2代表比較不同意，3代表不確定，4代表比較同意，5代表非常同意。

一、甄選題目

1. 您近3年是否去旅遊過？

A 是（請繼續下一道題）　　B 否（謝謝合作，調查到此結束）

2. 如果您出去旅遊不止一個目的地，請選擇你最熟悉的一個目的地_____。

二、請談談您在選擇和旅遊此地時的真實想法

編號	題項	非常不同意	比較不同意	不確定	比較同意	非常同意
GI1	您會從專業旅遊機構（如旅行社）或相關專家處獲取旅遊地的信息	1	2	3	4	5
GI2	您會從旅遊行業工作人員（如銷售員）那收集信息	1	2	3	4	5
GI3	您會向具有該旅遊地可靠信息的朋友、親戚、鄰居或同事那獲取品牌信息和使用經驗	1	2	3	4	5
GI4	該旅遊地是否具有5A/4A/3A認證會影響你的選擇	1	2	3	4	5
GI5	旅遊行業人士（如導遊）去的旅遊地會影響您的選擇	1	2	3	4	5
GI6	您選擇該旅遊地會受到家庭成員偏好的影響	1	2	3	4	5
GI7	您選擇該旅遊地會受同事朋友偏好的影響	1	2	3	4	5
GI8	您選擇該旅遊地是受自己社交圈偏好的影響	1	2	3	4	5
GI9	您選擇該旅遊地符合他人對您的期望	1	2	3	4	5

編號	題項	非常不同意	比較不同意	不確定	比較同意	非常同意
GI10	您覺得去該旅遊地會提升您在他人心中的形象	1	2	3	4	5
GI11	您覺得去該旅遊地的人們具有你想擁有的個性特點（如時尚、另類、自由等）	1	2	3	4	5
GI12	您覺得如果能成為該旅遊地廣告代言人那樣的人也不錯	1	2	3	4	5
GI13	您覺得去該旅遊地可以獲得他人的羨慕和尊敬	1	2	3	4	5
GI14	您覺得去該旅遊地可以幫助您向他人展示您是什麼樣的人或想成為什麼樣的人	1	2	3	4	5

三、假如一年內再去此旅遊地，您對該旅遊地的真實感受

編號	題項	非常不同意	比較不同意	不確定	比較同意	非常同意
PR1	您擔心該旅遊地達不到預期效果	1	2	3	4	5
PR2	您擔心該旅遊地不如所述的好	1	2	3	4	5
PR3	您擔心該旅遊地服務質量的可靠性	1	2	3	4	5
PR4	您擔心旅遊地價格要高於同類市場價格	1	2	3	4	5
PR5	您擔心花錢去該旅遊地是錯誤的	1	2	3	4	5
PR6	您擔心去該旅遊地不值這麼多錢	1	2	3	4	5
PR7	您擔心去該旅遊地自尊心會受到影響	1	2	3	4	5
PR8	您擔心去該旅遊地別人會認為您在炫耀	1	2	3	4	5
PR9	您擔心去該旅遊地別人會認為不明智	1	2	3	4	5
PR10	您擔心去該旅遊地與您的形象不符	1	2	3	4	5
PR11	您擔心去該旅遊地會帶來不必要的焦慮	1	2	3	4	5
PR12	您擔心去該旅遊地會帶來不必要的緊張	1	2	3	4	5

四、請談談您對該旅遊地的真實想法

編號	題項	非常不同意	比較不同意	不確定	比較同意	非常同意
BE1	該旅遊地的服務質量很好	1	2	3	4	5
BE2	該旅遊地的服務功能很好	1	2	3	4	5
BE3	該旅遊地的服務質量在同類市場上是一流的	1	2	3	4	5
BE4	當您去該旅遊地時，感覺很好	1	2	3	4	5
BE5	去該旅遊地會讓您高興	1	2	3	4	5
BE6	去該旅遊地會給您帶來愉快	1	2	3	4	5
BE7	您認為自己對該旅遊地是忠誠的	1	2	3	4	5
BE8	該旅遊地是您旅遊的首選之一	1	2	3	4	5
BE9	如果可以去該旅遊地，您不會去其他旅遊地	1	2	3	4	5
BE10	即使該旅遊地比其他同類旅遊地高，您仍願去	1	2	3	4	5
BE11	即使該旅遊地價格上漲，您仍願去	1	2	3	4	5
BE12	您該旅遊地的高價格是有原因的	1	2	3	4	5

五、請談談平時購買產品時，您的真實想法

編號	題項	非常不同意	比較不同意	不確定	比較同意	非常同意
MC1	購買產品，您會非常願意接受好友/同學的建議	1	2	3	4	5
MC2	購買產品，您想接受好友/同學的建議	1	2	3	4	5
MC3	購買產品，您接受好友/同學建議的程度很強	1	2	3	4	5

個人信息：為了便於進行數據分析，請填下您的基本資料，謝謝！
1. 您的性別是：(1) 男性　(2) 女性
2. 您的年齡是：(1) 24 歲以下　(2) 25～34 歲　(3) 35～44 歲
　　　　　　　(4) 45 歲以上
3. 您的學歷是：(1) 高中以下　(2) 專科　(3) 本科　(4) 研究生以上

4. 您的職業是：(1) 學生　(2) 公務員或事業單位員工　(3) 企業員工
　　　　　　　(4) 私有或個體工商業主　(5) 其他
5. 您的年收入是：(1) 5 萬以下　(2) 5 萬~10 萬　(3) 10 萬~20 萬
　　　　　　　　(4) 20 萬以上
6. 您目前的學習工作的地點是＿＿＿＿＿省＿＿＿＿＿市。

本問卷到此結束，請檢查有無漏答題目，謝謝您對本次調查給予的極大幫助！

國家圖書館出版品預行編目(CIP)資料

參照群體對品牌資產的影響機制研究 / 陳春梅，孟致毅，陳娟 著.
-- 第一版. -- 臺北市：財經錢線文化出版：崧博發行，2018.11

面；　公分

ISBN 978-957-680-247-8(平裝)

1.品牌 2.產品

496.14　　　107018100

書　　名：參照群體對品牌資產的影響機制研究
作　　者：陳春梅、孟致毅、陳娟 著
發行人：黃振庭
出版者：財經錢線文化事業有限公司
發行者：崧博出版事業有限公司
E-mail：sonbookservice@gmail.com
粉絲頁　　　　　　　　網　址：
地　　址：台北市中正區延平南路六十一號五樓一室
8F.-815, No.61, Sec. 1, Chongqing S. Rd., Zhongzheng Dist., Taipei City 100, Taiwan (R.O.C.)
電　　話：(02)2370-3310　傳　真：(02) 2370-3210
總經銷：紅螞蟻圖書有限公司
地　　址：台北市內湖區舊宗路二段 121 巷 19 號
電　　話：02-2795-3656　傳真：02-2795-4100　網址：
印　　刷：京峯彩色印刷有限公司（京峰數位）

　　本書版權為西南財經大學出版社所有授權崧博出版事業有限公司獨家發行電子書及繁體書繁體版。若有其他相關權利及授權需求請與本公司聯繫。

定價：450元
發行日期：2018 年 11 月第一版
◎ 本書以POD印製發行